The Aviators
English and French Dictionary

Dictionnaire Français et Anglais des Aviateurs

Second Edition
Deuxième Edition

Ron Wingrove
and
John Jammes

AVEBURY
aviation

Published by
Avebury Aviation
Ashgate Publishing Limited
Gower House
Croft Road
Aldershot
Hants GU11 3HR
England

Ashgate Publishing Company
Old Post Road
Brookfield
Vermont 05036
USA

A CIP catalogue record for this book is available from the British Library

Library of Congress Catalog Card Number: 95-76658

ISBN 0 291 398 235

Printed and bound in Great Britain
at the University Press, Cambridge

Foreword

Cranfield University is now one of the largest centres for postgraduate teaching and research in Western Europe. Aeronautics has played, and will continue to play, a vitally important part in these research and teaching activities. This latest edition of The Aviators' English and French dictionary from Cranfield University Press and Avebury Aviation, compiled by one of our most experienced aeronauts and test pilots, Ron Wingrove, is, therefore, very much part of the continuing emphasis that Cranfield places on aeronautics and related disciplines.

The dictionary also reflects two other important aspects of the Cranfield philosophy. First of all, the book is aimed at the practising aviator, a fact which underlines the importance that Cranfield places on the practical application of knowledge. Secondly, almost all of Cranfield's activities have an international dimension, and this particularly applies to our partners in Europe. Above all, Cranfield has especially strong links with France where we established Europe's first "double-degree programme" with the University of Technology of Compiègne. In addition, extensive collaboration is underway with many other French organisations, including the École Nationale Supérieure de l'Aéronautique et de l'Espace (Sup'Aéro), the Centre d'Études Supérieures du Management (CESMA), and the Ecole Supérieure d'Ingénieurs de Marseille.

It is not just for these reasons that I commend this book. It is recommended above all because it is a comprehensive and well presented dictionary, which I am sure aviators and all concerned with the aeronautical world will find to be an invaluable publication.

Frank Hartley

Vice-Chancellor, Cranfield University

Préface

L'Université de Cranfield est l'un des plus grands centres d'enseignement et de recherche en Europe occidentale au niveau du troisième cycle. L'aéronautique y a joué et continuera d'y jouer un rôle d'une importance vitale dans ces activités de recherche appliquée et d'enseignement supérieur.

Cette dernière édition du dictionnaire anglais/français des Aviateurs est publiée par "Cranfield University Press" et "Avebury Aviation". Elle a été compilée par Ron Wingrove, qui est un de nos pilotes d'essai et aéronaute les plus expérimentés. Cet ouvrage démontre ainsi l'importance particulière que Cranfield continue d'accorder à l'aéronautique et aux disciplines connexes.

Le Dictionnaire met en relief deux autres aspects de l'approche typique de Cranfield. Tout d'abord, l'ouvrage s'adresse aux aviateurs expérimentés, ce qui souligne l'importance que Cranfield attache à l'application pratique des sciences. Deuxièmement, presque toutes les activités de Cranfield revêtent une dimension internationale, tout particulièrement en ce qui concerne nos partenaires européens. Par-dessus tout, Cranfield a de solides liens avec la France, où nous avons instauré le premier Double Diplôme européen avec l'Université de Technologie de Compiègne. De plus, nous coopérons avec un grand nombre d'autres organisations et établissements français, tels que l'Ecole Nationale Supérieure de l'Aéronautique et de l'Espace (Sup'Aéro), le Centre d'Etudes Supérieures du Management (CESMA) et l'Ecole Supérieure d'Ingénieurs de Marseille.

Ce ne sont cependant pas les seules raisons pour lesquelles je vous recommande cet ouvrage. Je vous le recommande avant tout parce qu'il est exhaustif et bien présenté. Je suis certain que les aviateurs et tous ceux qui s'intéressent au monde de l'aéronautique ne manqueront pas d'apprécier ce dictionnaire d'une valeur inestimable.

Frank Hartley

Vice-Chancelier de l'Université de Cranfield

Introduction

This dictionary aims to cover the broad range of subjects that deal with the operation of aircraft. These subjects are-

Air Traffic Control
Aircraft Instruments
Aircraft Operation
Aircraft Systems
Avionics
Electrics
Electronics
Engines
Flight Safety
Flying and Airmanship
Maintenance
Mechanics of Flight
Meteorology
Navigation
Radar
Radio Aids

The words included have been selected following extensive research which has in general taken two forms. First, the study especially of Royal Air Force and civilian textbooks and manuals, both English and French, and the regular reading over a long period, of various aviation journals including the French magazine 'Air et Cosmos'. The links that I have made in the course of my work at Cranfield with the French 'Grande Ecole' at Toulouse, L'Ecole Nationale Supérieure de l'Aéronautique et de l'Espace (Sup'Aéro) have been particularly useful especially for the lectures, presentations and visits to aerospace organisations in the Toulouse area that I have been able to undertake.

The dictionary is, I believe, unique in that it has been prepared by a practising aviator and not by a linguist. However, I have had the assistance and co-operation of one whose qualifications as a linguist are exceptional. The words and expressions covered therefore are, I hope, those used daily in the world of aviation, accurate both in a technical and in a linguistic sense.

I have never understood why so many glossaries and word lists omit the gender, and in this work, it is included in every case. Generally only one translation is given in order to avoid confusion, although the reader will appreciate that there are more ways than one to say something. Where more than one expression is given, the one given first is considered to be the most current. In arranging the dictionary I have generally listed expressions in the section containing the most important word, i.e. engine (ducted fan —). There are, however, some exceptions that did not readily lend themselves to this method. There are no cross-references.

A work of this size and scope has required the help and co-operation of many people, but, in particular, I would like to state how much I owe to the patience and encouragement of my fellow author John Jammes who has, over the years, done so much to improve my knowledge and understanding of the French language.

Finally, I hope that the size of the book will be an encouragement to you to carry the book in flying suit pocket, briefcase or wherever, so that it becomes an indispensable part of your luggage for your trips to the French-speaking parts of the world.

Ron Wingrove

Introduction

Le but de cet ouvrage est de couvrir l'ensemble des domaines ayant trait à l'utilisation des aéronefs et en particulier:

l'Avionique
les Circuits et systèmes des aéronefs
le Contrôle de la circulation aérienne
l'Electricité
l'Electronique
les Instruments de vol
la Maintenance
la Mécanique de vol
la Météorologie
les Moteurs
la Navigation

le Pilotage et le Métier d'aviateur
le Radar
la Radio et les aides radio
la Sécurité en vol
l'Utilisation des aéronefs

J'ai procédé à ma sélection des termes et expressions sur la base de recherches très poussées, effectuées comme suit. D'une part, en fonction de l'analyse des manuels civils et militaires français et anglais et, d'autre part, après avoir régulièrement étudié, pendant plusieurs années, les publications les plus cotées, telle que la revue française "Air et Cosmos". De plus, en tant que directeur à Cranfield du stage combiné avec la prestigieuse "Ecole Nationale Supérieure de l'Aéronautique et de l'Espace" (Sup'Aéro) de Toulouse, j'ai pu y assister à plusieurs reprises à des conférences et à des présentations diverses. J'ai également visité les organisations aérospatiales de la région toulousaine: autant d'activités qui m'ont été de la plus grande utilité.

Je crois que ce dictionnaire est unique, du fait qu'il a été conçu par un aviateur qui est du métier, plutôt que par un linguiste, ce qui est généralement le cas. J'ai autrefois bénéficié de l'assistance et de la coopération de mon co-auteur, dont les qualifications de linguiste sont exceptionnelles. J'espère ainsi que les termes et expressions que j'ai retenus sont en usage courant dans le monde de l'aviation, tout en étant corrects et précis du point de vue technique et linguistique.

Je n'ai jamais pu comprendre pourquoi tant de glossaires publiés en Angleterre omettent d'indiquer le genre des substantifs; c'est pourquoi cette indication figure dans ce dictionnaire. Dans le but d'éviter toute confusion, il n'est donné, en général, qu'une seule traduction de chaque terme. Toutefois, là où plus d'une expression est mentionnée, la première doit être considérée être la plus utilisée. Les expressions se trouvent en général groupées sous la section contenant le mot le plus important, ainsi: inclinaison (maintenir l' —). Il n'a pas toujours été possible d'utiliser cette méthode et je n'ai pas inclus de table des correspondances.

L'élaboration d'un ouvrage de cette envergure à nécessité le concours et la coopération d'un bon nombre de personnes. Cependant, je tiens tout particulièrement à exprimer ma gratitude à mon collègue et co-auteur John Jammes. Sa patience et les encouragements qu'il a su me prodiguer pendant des années m'ont permis d'améliorer considérablement mes connaissances et ma compréhension de la langue française.

Finalement, j'espère que le format de ce dictionnaire en favorisera le port dans la poche des combinaisons de vol, dans les sacoches et ailleurs. Il constituera ainsi un élément indispensable de la panoplie du lecteur en voyage dans les pays anglophones.

Ron Wingrove

Aviators' Dictionary

English to French

A
abandon the aircraft *(v)*
évacuer l'avion
abeam
par le travers de
above
au-dessus de
absorb *(v)*
absorber
absorption
l'absorption *(f)*
AC bus
le bus alternatif
AC generator
l'alternateur *(m)*
AC power supply
la génération alternative, l'alimentation
alternative *(f)*
AC voltage
la tension alternative
AC/DC
tous courants
accelerate *(v)*
accélérer
accelerate-stop distance
la distance accélération-arrêt
accelerated level
le palier accéléré
acceleration
l'accélération *(f)*
acceleration (linear —)
l'accélération linéaire *(f)*
acceleration (slam —)
l'accélération brute *(f)*
acceleration control unit
le contrôle d'accélération
acceleration error
l'erreur de faux nord *(f)*
accelerator pump
la pompe de reprise
accelerometer
l'accéléromètre *(m)*
acceptance
la réception
acceptance test
l'essai de réception *(m)*
access door
la porte de visite

access panel
le panneau d'accès
access steps
les escaliers d'accès *(mpl)*
accessibility
l'accessibilité *(f)*, la facilité d'accès
accessible
accessible
accessory
l'accessoire *(m)*
accessory gear box
la boîte d'entraînement, la boîte
d'accessoires
accident
l'accident *(m)*
accident rate
le taux d'accidents
accretion
l'accrétion *(f)*, le dépôt
accumulation
l'accumulation *(f)*
accumulator
l'accumulateur *(m)*
accuracy
la précision, l'exactitude *(f)*, la fidélité,
la justesse
accurate
précis
acknowledge *(v)*
accuser réception
acquisition
l'acquisition *(f)*
actions (vital —)
les actions vitales *(fpl)*
active
actif
actuate *(v)*
actionner, enclencher
actuator
l'actionneur *(m)*, le vérin (jack)
adapter
l'adapteur *(m)*
adapter plug
la fiche intermédiaire, la fiche multiple
add *(v)*
additionner
additive
l'additif *(m)*

ADF approach
l'approche ADF *(f)*
ADF bearing
le relèvement ADF
ADF letdown
la percée ADF, la percée radiocompas
adherence
l'adhésion *(f)*
adhesion
l'adhésion *(f)*, l'adhérence *(f)*
adiabatic
adiabatique
adjust *(v)*
régler
adjustable
réglable, ajustable
adjusting (self —)
autoréglable
adjustment
le réglage
advection
l'advection *(f)*
advise *(v)*
aviser
advisory airspace
l'espace aérien à service consultatif *(m)*
advisory route
la route à service consultatif, l'itinéraire
à service consultatif *(m)*
advisory service
le service consultatif
aerial
l'antenne *(f)*, l'aérien *(m)*
aerial (directional —)
l'antenne à rayonnement dirigé *(f)*
aerial (loop —)
l'antenne à cadre *(f)*, l'antenne monocle
(f)
aerial (parabolic —)
l'antenne parabolique *(f)*
aerial (rotatable loop —)
le cadre tournant
aerial (slit —)
l'antenne à fentes *(f)*
aerial (trailing —)
l'antenne pendante *(f)*, l'antenne
traînante *(f)*
aerial (UHF —)

l'antenne UHF *(f)*
aerial (VHF —)
l'antenne VHF *(f)*
aerial survey
le levé aérien
aerial work
le travail aérien
aero medical
aéromédical
aero medicine
l'aéro-médecine *(f)*
aerobatic team
la patrouille acrobatique
aerobatics
la voltige aérienne, les acrobaties
aériennes *(fpl)*
aerodrome
l'aérodrome *(m)*
aerodrome (customs —)
l'aérodrome douanier *(m)*
aerodrome (uncontrolled —)
l'aérodrome non-contrôlé *(m)*
aerodrome altitude
l'altitude du terrain *(f)*
aerodrome control
le contrôle d'aérodrome
aerodrome reference point
le point de référence d'aérodrome
aerodrome traffic zone
la zone de circulation d'aérodrome
aerodynamic
aérodynamique
aerodynamic centre
le foyer aérodynamique, le centre
aérodynamique
aerodynamic twisting moment
le moment de torsion aérodynamique
aerodynamicist
l'aérodynamicien *(m)*
aerodynamics
l'aérodynamique *(f)*
aerodyne
l'aérodyne *(m)*
aeroelastic distortion
l'aérodistorsion *(f)*
aerofoil
le profil de voilure
aerofoil section

le profil aérodynamique	l'aileron levé *(m)*
aerofoil surface	**aileron (upgoing —)**
la surface profilée	l'aileron relevé *(m)*
aeronautical	**aileron drag**
aéronautique	la traînée d'aileron
aeronautics	**aileron trim**
l'aéronautique *(f)*	la compensation aileron
aeroplane	**air**
l'avion *(m)*, l'appareil *(m)*	l'air *(m)*
aerospace	**air (cold —)**
aerospatial	l'air froid *(m)*
affirmative	**air (emergency —)**
affirmatif	l'air de secours *(m)*
aft	**air (hot —)**
à l'arrière	l'air chaud *(m)*
afterburning	**air (ram —)**
la post-combustion	l'air dynamique *(m)*
afternoon	**air (rough —)**
l'après-midi *(m)*	l'air agité *(m)*
agonic line	**air (rules of the —)**
la ligne aclinique	les règles de l'air *(fpl)*
ahead	**air (still —)**
en avant	l'air calme *(m)*
aid (landing —)	**air (upper —)**
l'aide à l'atterrissage *(f)*	la haute atmosphère
aid (letdown —)	**air (warm —)**
l'aide à la percée *(f)*	l'air chaud *(m)*
aid (navigational —)	**air base**
l'aide à la navigation *(f)*	la base aérienne, le terrain militaire
aileron	**air bleed**
l'aileron *(m)*	le prélèvement d'air, la prise d'air
aileron (differential —)	**air bleed valve**
l'aileron différentiel *(m)*	la soupape de prélèvement
aileron (down —)	**air bridge**
l'aileron baissé *(m)*	la passerelle
aileron (downgoing —)	**air charging valve**
l'aileron abaissé *(m)*	le clapet de gonflage
aileron (frise —)	**air conditioning**
l'aileron frise *(m)*	le conditionnement d'air, la climatisation
aileron (inboard —)	**air cooled**
l'aileron interne *(m)*	refroidi par air, à refroidissement par air
aileron (inspin —)	**air cooling**
l'aileron mise avec la vrille *(m)*	le refroidissement par air
aileron (outboard —)	**air craft (lighter than —)**
l'aileron externe *(m)*	l'aérostat *(m)*, l'avion plus léger que
aileron (outspin —)	l'air *(m)*
l'aileron mise contre la vrille *(m)*	**air current**
aileron (up —)	le courant d'air

air data computer
la centrale aérodynamique
air data sensor
le capteur aérodynamique
air defence
la défense aérienne
air defence area
la zone de défense aérienne
air defence variant ADV
la version de défense aérienne
air display
le meeting d'aviation, la fête
aéronautique, la manifestation aérienne
air dropping
l'aérolargage *(m)*
air ferry
l'avion transbordeur *(m)*, le bac aérien
air ferrying
le transbordement aérien
air filter
le filtre à air
air force
l'armée de l'air *(f)*
air force (strategic —)
la force aérienne stratégique
air force (tactical —)
la force aérienne tactique
air freight
le fret aérien
air intake
l'entrée d'air *(f)*
air lock
le bouchon de vapeur
air mail
le courrier aérien
air mass
la masse d'air
air mobile
aéromobile
air mobility
l'aéromobilité *(f)*
air navigation
la navigation aérienne
air patrol
la patrouille aérienne
air pilot AIP
le manuel d'informations aéronautiques
air plot
le tracé air
air pocket
le trou d'air
air position
la position air
air position indicator
le calculateur d'estime
air power
la puissance aérienne
air raid
le raid aérien
air scoop
l'ouïe d'entrée d'air *(f)*, la prise d'air
air sickness
le mal de l'air
air start
le démarrage à air comprimé
air superiority
la supériorité aérienne
air supply
l'alimentation air *(f)*
air support
l'appui aérien *(m)*
air suspension
la suspension dynamique
air taxi
le taxi aérien
air terminal
l'aérogare *(f)*
air test
le vol de contrôle
air thermometer
le thermomètre à air ambiant
air traffic
la circulation aérienne, le trafic aérien
air traffic clearance
l'autorisation de circulation aérienne *(f)*
air traffic control ATC
le contrôle de la circulation aérienne
air traffic control centre ATCC
le centre de contrôle de la circulation
aérienne
air traffic controller
le contrôleur de la circulation aérienne,
l'aiguilleur du ciel *(m)*
air traffic zone
la zone de la circulation aérienne
air transport

le transport aérien
air vent
la bouche ventilation
air-ground communication
la communication air-sol, la liaison radio
air-sol
air-to-air
air-air
air-to-ground
air-sol
air/fuel ratio
le rapport air/carburant
air/fuel ratio control unit
la commande de débit air/ carburant
airborne
décollé (just taken-off), aéroporté
(carried by air)
airborne early warning AEW
la détection et l'identification lointaines
airbrake
l'aérofrein *(m)*, le frein aérodynamique
airbus
l'airbus *(m)*
aircraft
l'avion *(m)*, when the word means
aeroplane, l'aéronef *(m)* when the word
is meant to include all air supported
vehicles
aircraft (aerobatic —)
l'avion acrobatique *(m)*
aircraft (air taxi —)
l'avion-taxi *(m)*
aircraft (amphibious —)
l'avion amphibie *(m)*
aircraft (business —)
l'avion d'affaires *(m)*
aircraft (cargo —)
l'avion-cargo *(m)*
aircraft (civil —)
l'avion civil *(m)*
aircraft (combat —)
l'avion de combat *(m)*
aircraft (commuter —)
l'avion de ligne d'apport *(m)*
aircraft (crop-spraying —)
l'avion agricole *(m)*
aircraft (executive —)
l'avion d'affaires *(m)*

aircraft (fighter —)
l'avion de chasse *(m)*
aircraft (flight refuelling —)
l'avion-ravitailleur *(m)*
aircraft (four engined —)
le quadrimoteur, le quadriréacteur
aircraft (ground attack —)
l'avion d'attaque au sol *(m)*
aircraft (historic —)
l'avion de collection *(m)*
aircraft (jet —)
l'avion à réaction *(m)*
aircraft (land —)
l'avion terrestre *(m)*
aircraft (light —)
l'avion léger *(m)*
aircraft (long-range —)
le long-courrier
aircraft (maritime patrol —)
le patrouilleur maritime
aircraft (medium-range —)
le moyen-courrier
aircraft (microlight —)
l'avion ultra léger motorisé *(m)* ULM
aircraft (military —)
l'avion militaire *(m)*
aircraft (multi-engined —)
le multimoteur
aircraft (multirole combat —)
l'avion de combat polyvalent *(m)*
aircraft (non-radio-equipped)
l'avion non muni de radio *(m)*
aircraft (twin-engined)
le bimoteur
aircraft (pilotless —)
l'avion sans pilote *(m)*
aircraft (production —)
l'avion de série *(m)*
aircraft (propeller driven —)
l'avion à hélice *(m)*
aircraft (reconnaissance —)
l'avion de reconnaissance *(m)*
aircraft (regional transport)
l'avion de transport régional *(m)* ATR
aircraft (short-range —)
le court-courrier
aircraft (short take-off and landing —)
STOL

l'avion à décollage et atterrissage courts *(m)*

aircraft (single-engined)
le monomoteur

aircraft (single-seat —)
le monoplace

aircraft (solar powered —)
l'avion à propulsion solaire *(m)*

aircraft (stealth —)
l'avion furtif *(m)*, l'avion à signature radar limitée *(m)*

aircraft (tail-wheeled —)
l'avion à roulette arrière *(m)*

aircraft (target —)
l'avion-cible *(m)*

aircraft (test —)
l'avion-test *(m)*

aircraft (training —)
l'avion d'entraînement *(m)*, l'avion-école *(m)*

aircraft (transport —)
l'avion de transport *(m)*

aircraft (turboprop —)
le turbopropulseur

aircraft (type of —)
le type d'avion

aircraft (ultra-light —)
l'avionnette *(f)*, l'avion ultra-léger *(m)*

aircraft (vertical take-off and landing —) VTOL
l'avion à décollage et atterrissage verticaux *(m)*

aircraft (wide-bodied —)
le gros-porteur, l'avion à large fuselage *(m)*

aircraft carrier
le porte-avion

aircraft commander
le commandant de bord

aircraft-on-ground AOG
l'avion au sol *(m)*, l'avion immobilisé au sol *(m)*

aircraft system
le circuit de bord

aircrew
l'équipage avion *(m)*, le personnel navigant technique PNT

airfield

le terrain d'aviation, l'aérodrome *(m)*

airfield (alternate —)
l'aérodrome de dégagement *(m)*, l'aérodrome de déroutement *(m)*

airfield (grass —)
l'aérodrome herbeux *(m)*

airfield elevation
l'altitude de référence *(f)*

airfield height
l'altitude de terrain *(f)*

airflow
l'écoulement de l'air *(m)*, le débit d'air

airflow (relative —)
le vent relatif

airframe
la cellule

airframe manufacturer
l'avionneur *(m)*, le celluliste

airline
la ligne aérienne, la compagnie aérienne

airline pilot
le pilote de ligne

airliner
l'avion de ligne *(m)*

airman
l'aviateur *(m)*

airmanship
la science d'aviateur, le métier d'aviateur, la science aéronautique, la technique aéronautique

airport
l'aéroport *(m)*

airport charges
les redevances d'aéroport *(fpl)*

airport (customs —)
l'aéroport douanier *(m)*

airport (high altitude —)
l'altiport *(m)*

airship
le dirigeable

airship (non-rigid —)
le dirigeable souple

airship (rigid —)
le dirigeable rigide

airship (semi-rigid —)
le dirigeable semi-rigide

airspace
l'espace aérien *(m)*

airspace (advisory —)
l'espace aérien à service consultatif *(m)*
airspace (controlled —)
l'espace aérien contrôlé *(m)*
airspace (lower —)
l'espace aérien inférieur *(m)*
airspace (outside controlled —)
hors de l'espace aérien contrôlé
airspace (uncontrolled —)
l'espace aérien non-contrôlé *(m)*
airspace (upper —)
l'espace aérien supérieur *(m)*
airspeed
la vitesse air, la vitesse badin
airspeed (calibrated —)
la vitesse corrigée
airspeed (equivalent —)
la vitesse équivalente
airspeed (indicated —)
la vitesse badin, la vitesse indiquée
airspeed (rectified —)
la vitesse corrigée
airspeed (true —)
la vitesse vraie, la vitesse propre
airspeed bug
le curseur de vitesse
airspeed indicator
le badin, l'anémomètre *(m)*, l'indicateur
de vitesse *(m)*
airstream
l'écoulement de l'air *(m)*
airstrip
la piste d'atterrissage
airway
la voie aérienne, la route aérienne
airways clearance
l'autorisation de route *(f)*
airworthiness
la navigabilité, l'aptitude au vol *(f)*
airworthiness requirements
les règlements de navigabilité *(mpl)*
airworthy
en état de vol
aisle (single —)
l'allée centrale *(f)*, le couloir central
alarm
l'alarme *(f)*, l'alerte *(f)*
alert

l'alerte *(f)*
alerting service
le service d'alerte
algorithm
l'algorithme *(m)*
align *(v)*
aligner
alignment
l'alignement *(m)*
allowance
la tolérance
aloft
en haut
along
le long de
alternating current AC
le courant alternatif
alternator
l'alternateur *(m)*
altimeter
l'altimètre *(m)*
altimeter (encoding —)
l'altimètre codeur *(m)*
altimeter (pressure —)
l'altimètre barométrique *(m)*
altimeter (radar —)
l'altimètre radar *(m)*, le radar-altimètre
altimeter (radio —)
l'altimètre radio *(m)*, le radio-altimètre
altimeter (servo —)
l'altimètre asservi *(m)*
altimeter setting
le réglage altimétrique, le calage
altimétrique
altimeter setting knob
le bouton de réglage altimétrique
altitude
l'altitude *(f)*
altitude (density —)
l'altitude-densité *(f)*
altitude (high —)
la haute altitude, l'altitude élevée *(f)*
altitude (low —)
la basse altitude
altitude (operating —)
l'altitude d'exploitation *(f)*
altitude (pressure —)
l'altitude-pression *(f)*

altitude (transition —)
l'altitude de transition *(f)*
altitude alert
l'avertisseur d'altitude *(m)*
altitude control
le contrôleur d'altitude
alto cumulus
l'alto-cumulus *(m)*
alto stratus
l'alto-stratus *(m)*
aluminium
l'aluminium *(m)*
ambient
ambiant
ambiguity
l'ambiguïté *(f)*
ammeter
l'ampèremètre *(m)*
amorphous
amorphe
amperage
l'ampérage *(m)*, l'intensité *(f)*
ampere
l'ampère *(m)*
ampere-hour
l'ampère-heure *(m)*
amplification
l'amplification *(f)*
amplifier
l'amplificateur *(m)*
amplify *(v)*
amplifier
amplitude
l'amplitude *(f)*
anabatic
anabatique
analogue
analogique
analogue computer
le calculateur analogique, la calculatrice
analogique
analysis
le dépouillement, l'analyse *(f)*
ancillary equipment
les équipements accessoires *(mpl)*
anemometer
l'anémomètre *(m)*
aneroid

anéroïde
aneroid barometer
le baromètre anéroïde
aneroid capsule
la capsule anéroïde
angle
l'angle *(m)*
angular
angulaire
angular momentum
le moment cinétique
angular velocity
la vitesse angulaire
anhedral
le dièdre négatif
annual
annuel
annunciator
l'annonciateur *(m)*
answer
la réponse
answer *(v)*
répondre
antenna
l'antenne *(f)*
antenna (sense —)
l'antenne de lever de doute *(f)*
anti-clockwise
dans le sens inverse des aiguilles d'une
montre
anti-freeze
l'anti-gel *(m)*
anti-glare
anti-éblouissant
anti-icing
l'anti-givrage *(m)*
anti-knock
antidétonant
anti-skid
l'anti-patinage *(m)*
anti-skid unit
le dispositif anti-patinage, le dispositif
anti-dérapage
anti-submarine
anti-sous-marin
anticyclone
l'anticyclone *(m)*
anticyclonic

anticyclonique

anvil head
l'enclume *(f)*

AOG service
le service de dépannage rapide

aperiodic
apériodique

appearance
l'aspect *(m)*, l'apparence *(f)*

applicable (not —)
sans objet

apply *(v)*
appliquer

appraisal
le bilan

approach
l'approche *(f)*

approach (ADF —)
l'approche ADF *(f)*

approach (angle of —)
l'angle d'approche *(m)*

approach (beam —)
l'approche sur faisceau *(f)*

approach (direct —)
l'approche directe *(f)*

approach (final —)
l'approche finale *(f)*

approach (flat —)
l'approche plate *(f)*

approach (ground controlled —) GCA
l'approche GCA *(f)*

approach (ground controlled— system)
le système GCA, le système d'approche
contrôlé du sol

approach (ILS —)
l'approche ILS *(f)*

approach (initial —)
l'approche initiale *(f)*

approach (instrument —)
l'approche aux instruments *(f)*

approach (low —)
l'approche à basse altitude *(f)*

approach (missed —)
l'approche manquée *(f)*

approach (on —)
en approche

approach (plan position —) PPI
l'approche PPI *(f)*

approach (precision —)
l'approche sur radar de précision *(f)*

approach (radar —)
l'approche au radar *(f)*

approach (shallow —)
l'approche plate *(f)*

approach (steep —)
l'approche à forte pente *(f)*

approach (straight in —)
l'approche directe *(f)*

approach *(v)*
approcher, s'approcher de, faire une
approche

approach (visual —)
l'approche à vue *(f)*

approach aid
l'aide à l'approche *(f)*

approach chart
la carte d'approche

approach configuration
la configuration d'approche

approach control
le contrôle d'approche

approach control centre
le centre de contrôle d'approche

approach indicator (angle of —)
l'indicateur d'angle d'approche *(m)*

approach light
le phare d'approche

approach lights
le balisage lumineux d'approche

approach procedure
la procédure d'approche

approach radar
le radar d'approche

approach speed
la vitesse d'approche

approval
l'homologation *(f)*

approve *(v)*
approuver, homologuer

approximate
approximatif

apron
l'aire de stationnement *(f)*, le parking

aquaplane
l'aquaplaning *(m)*, l'hydroplanage *(m)*

aquaplane *(v)*

faire de l'aquaplaning, faire de
l'hydroplanage
arc
l'arc *(m)*
Arctic
l'Arctique *(m)*, les régions arctiques *(fpl)*
Arctic Circle
le cercle arctique
area rule
la loi des aires
argon
l'argon *(m)*
armament bay
la soute à armement
armature
l'armature *(f)*, l'induit *(m)*
armour plating
le blindage
armrest
l'accoudoir *(m)*
army
l'armée de terre *(f)*
Army Air Corps AAC
l'Aviation Légère de l'Armée de Terre
ALAT *(f)*
arrester barrier
la barrière d'arrêt
arrester hook
la crosse d'appontage, la crosse d'arrêt,
le crochet d'appontage
arrester wire
le brin d'arrêt
arrival
l'arrivée *(f)*
arrive *(v)*
arriver
articulated
articulé
artificial feel
la sensation musculaire, la sensation
artificielle
artificial feel unit
le dispositif de sensation musculaire
artificial horizon
l'horizon artificiel *(m)*
ascending
ascendant
aspect ratio

l'allongement *(m)*
asphalt
l'asphalte *(m)*
aspirated
aspiré
assemble *(v)*
assembler
assembly
l'assemblage *(m)*
assembly (sub —)
le sous-ensemble
assembly line
la chaîne d'assemblage, la chaîne de
montage
assessment
le bilan
astern
à l'arrière
astrocompass
l'astrocompas *(m)*
astrodome
l'astrodôme *(m)*
asymmetric
asymétrique, dissymétrique
asymmetric flight
le vol dissymétrique
athwartships
transversal
atmosphere
l'atmosphère *(f)*
atmosphere (International Standard)
l'atmosphère type internationale *(f)*
atmospheric
atmosphérique
atmospherics
les parasites *(mpl)*
atomise *(v)*
pulvériser
atomiser
le gicleur, le pulvérisateur
atomising
la pulvérisation
attachment
l'attache *(f)*
attack (angle of —)
l'angle d'attaque *(m)*

attack (ground —)
l'attaque au sol *(f)*
attack indicator (angle of —)
l'indicateur d'incidence *(m)*
attention
l'attention *(f)*
attenuation
l'atténuation *(f)*
attitude
l'assiette *(f)*, l'attitude *(f)*
attitude (change of —)
le changement d'assiette
attitude (flight —)
l'attitude de vol *(f)*
attitude (nose-down —)
l'assiette à piquer *(f)*
attitude (nose-up —)
l'assiette à cabrer *(f)*
attitude (three-point —)
l'attitude en trois points *(f)*
attitude (trimmed —)
l'assiette compensée *(f)*
attitude direction indicator
l'indicateur directeur d'attitude *(m)*
attitude indicator
l'indicateur d'attitude *(m)*
attract *(v)*
attirer
attraction
l'attraction *(f)*
audiogramme
l'audiogramme *(m)*
augmentation
l'augmentation *(f)*
aural null
l'accord silencieux *(m)*
aurora borealis
l'aurore boréale *(f)*
authorisation (flight —)
l'autorisation de vol *(f)*
autogyro
l'autogire *(m)*
automatic
automatique
automatic direction finder ADF
le radiogoniomètre automatique
automatic flight control
le contrôle automatique de vol

automatic flight control system
le système de commande automatique de
vol CADV
automatic landing
l'atterrissage (entièrement) automatique
(m)
automatic landing system
le système d'atterrissage automatique
autopilot
le pilote automatique
autopilot disengagement
le débrayage du pilote automatique
autopilot engagement
l'embrayage du pilote automatique *(m)*
autorotation
l'autorotation *(f)*
autostabilisation
l'autostabilisation *(f)*
autostabilise *(v)*
autostabiliser
autostabiliser
l'autostabilisateur *(m)*
autothrottle
la manette automatique, l'automanette
(f)
autumn
l'automne *(m)*
auxiliary
auxiliaire
auxiliary power unit APU
le groupe auxiliaire de puissance, l'APU
(m)
auxiliary services
les organes de servitude *(mpl)*
available
disponible, utilisable
average *(adj)*
moyen
average
la moyenne
aviation
l'aviation *(f)*
aviation (civil —)
l'aviation civile *(f)*
aviation (general —)
l'aviation générale *(f)*
aviation (military —)
l'aviation militaire *(f)*

aviation law	axial
le droit aérien	**axis**
aviator	l'axe *(m)*
l'aviateur *(m)*, l'aviatrice *(f)*	**axis (lateral —)**
avionics	l'axe latéral *(m)*
l'avionique *(f)*	**axis (longitudinal —)**
avionics bay	l'axe longitudinal *(m)*
la baie avionique	**axis (normal —)**
avoid *(v)*	l'axe normal *(m)*, l'axe vertical *(m)*
éviter	**axle**
avoidance action	l'essieu *(m)*
la manœuvre d'évitement	**azimuth**
axial	l'azimut *(m)*

B

back pressure
la contre-pression (engine)

back pressure (to apply —) *(v)*
tirer sur le manche

backbeam
le faisceau inverse

backbearing
l'azimut inverse *(m)*

backfire
le retour de flamme, la pétarade (noise)

backfire *(v)*
pétarader

background noise
le bruit de fond

backing
la rotation du vent vers la gauche

backlash
le jeu

backtrack *(v)*
faire marche arrière, remonter la piste

backtracking
la marche arrière

baffle
la chicane

baffle plate
la tôle de chicane

baggage
le bagage

baggage compartment
le coffre à bagages (light aircraft), la
soute à bagages, le compartiment à
bagages

baggage rack
le casier à bagages

balance
la balance, la compensation

balance (aerodynamic —)
la balance aérodynamique

balance (horn —)
la corne de compensation aérodynamique

balance *(v)*
balancer, équilibrer, compenser

balance chart
la feuille de centrage

balanced
compensé

balanced field length
la longueur de piste balancée

balancing
l'équilibrage *(m)*

bale out *(v)*
sauter en parachute

ball
la bille

ball bearing
le roulement à billes

ballast
le lest

ballast *(v)*
lester

balloon
le ballon, l'aérostat *(m)*

balloon (barrage —)
le ballon de barrage

balloon (captive —)
le ballon captif

balloon (free —)
le ballon libre

balloon (hot air —)
le ballon à air chaud

balloon (weather —)
le ballon-sonde

balloon pilot
l'aérostier *(m)*, l'aéronaute *(m)*

ballooning
l'aérostation *(f)*

ballooning (to go —) *(v)*
faire des ascensions en ballon, monter en
ballon

balsa wood
le balsa

band
la bande

bank
l'inclinaison *(f)*

bank *(v)*
incliner

bank (hold off —) *(v)*
maintenir l'inclinaison

bank (hold on —) *(v)*
maintenir l'inclinaison

bank (roll off —) *(v)*
arrêter la rotation

bank (roll on —) *(v)*
amorcer la rotation

bank angle
l'angle d'inclinaision latérale *(m)*
banking
l'inclinaison latérale *(f)*, la mise en virage
barograph
le barographe
barometer
le baromètre
barometric
barométrique
barometric pressure control BPC
le correcteur barométrique
barostat
le barostat
barrier
la barrière, le massif (mountain)
basic
de base
battery
la batterie (aircraft), l'accumulateur *(m)*, la pile
battery (dry cell —)
la batterie à piles sèches
battery (emergency —)
la batterie de secours
battery (heavy-duty —)
la batterie extra-robuste
battery (lead/acid —)
la batterie au plomb-acide
battery (main —)
la batterie de bord, la batterie principale
battery (standby —)
la batterie de réserve, la batterie de secours, la batterie d'urgence
battery charger
le chargeur de batterie
battery terminal
la borne de batterie
bay
la soute, la baie
bay (freight —)
la soute à fret
beacon
le phare, la balise
beacon (aerodrome —)
le phare d'aérodrome, le phare de rappel
beacon (airport —)

la balise d'aéroport
beacon (airways —)
le radiophare de voie aérienne
beacon (identification —)
le phare d'identification
beacon (marker —)
la radioborne, la radiobalise
beacon (rotating —)
le phare tournant
beacon (VHF omnidirectional)
le radiophare omnidirectionnel VHF
beacons (mark out with —) *(v)*
baliser
beacons (marking out with —)
le balisage
beam
le faisceau
bearing
le relèvement, le gisement, le palier (engine)
bearing (loop —)
le relèvement gonio
bearing (relative —)
le gisement, le relèvement relatif
bearing (true —)
le relèvement vrai
Beaufort scale
l'échelle Beaufort *(f)*
begin *(v)*
commencer
behave *(v)*
se comporter
behaviour
le comportement
bimetallic strip
la bilame
binary
binaire
biplane
le biplan
bird sanctuary
la réserve d'oiseaux
bird strike
l'impact d'oiseau *(m)*
bisect *(v)*
couper en deux
bit
le bit

bitumen
le bitume

black out *(v)*
s'évanouir, perdre connaissance

blacking out
l'évanouissement *(m)*

blade
la pale (propeller), l'aube *(f)*(turbine)

blade (articulated —)
la pale articulée

blade (monocrystalline —)
l'aube monocristalline *(f)*

blade (rigidly mounted —)
la pale rigide

blade (rotor —)
la pale de rotor

blade (stator —)
l'aube de stator *(f)*

blade (turbine —)
l'aube de turbine (f), l'ailette de turbine
(f)

blade (turbine stator —)
le stator de turbine

blade angle
l'angle de pas *(m)*, l'angle de calage *(m)*

blade containment shield
le carter de retenue

blade damper
l'amortisseur de pale *(m)*

blade folding
le repliage des pales

blade loading
la charge de pale

blank
l'obturateur *(m)*

blank (exhaust —)
l'obturateur de sortie d'air *(m)*

blank (intake —)
l'obturateur d'entrée d'air *(m)*

blank off *(v)*
obturer, masquer

blanking plate
la plaque obturatrice

bleed
le prélèvement, la purge (brakes)

bleed
le piquage (engine)

bleed *(v)*

prelever (from = sur), purger (brakes)

bleed valve
le clapet de prélèvement, la vanne de
prélèvement

blind spot
l'angle mort *(m)*

blink *(v)*
clignoter

blinker
le clignoteur

blip
le top d'écho

blizzard
la tempête de neige, le blizzard

block *(v)*
bloquer

block time
le temps bloc à bloc

blow *(v)*
souffler

board (on —)
à bord

boarding pass
la carte d'embarquement, la carte
d'accès à bord

body
le corps

body (extended —)
le fuselage allongé

body (foreign —)
le corps étranger

boiling point
le point d'ébullition

bomb
la bombe

bomb (anti-personnel —)
la bombe anti-personnel

bomb (atomic —)
la bombe atomique

bomb (cluster —)
la bombe en grappe

bomb (fragmentation —)
la bombe à fragmentation

bomb (hydrogen —)
la bombe à hydrogène

bomb (laser guided —)
la bombe à guidage laser

bomb (nuclear —)

la bombe nucléaire	la couche limite
bomb *(v)*	**boundary layer bleed**
bombarder	le piège à couche limite
bomb aimer	**boundary layer control**
le bombardier	le contrôle de la couche limite
bomb bay	**boundary layer separation**
la soute à bombes	le décollement de la couche limite
bomb rack	**boundary layer suction**
le lance-bombes	l'aspiration de la couche limite *(f)*
bomb sight	**bowser**
le viseur de bombardement	le camion-citerne
bomber	**box (control —)**
le bombardier	le boîtier de commande
bomber (water —)	**brake**
le bombardier d'eau	le frein
bombing	**brake (carbon —)**
le bombardement	le frein au carbone
bombing (dive —)	**brake (differential —)**
le bombardement en piqué	le frein différentiel
bombing (toss —)	**brake (disc —)**
le bombardement en ressource	le frein à disques
bonding	**brake (dive —)**
la mise à la masse, la liaison, la	le frein de piqué
métallisation	**brake (emergency —)**
boost control	le frein de secours
le limiteur d'admission	**brake (hand —)**
boost pressure	le frein à main
la pression d'admission	**brake (parking —)**
boost pressure gauge	le frein de parc
le manomètre de pression	**brake (pneumatic —)**
booster coil	le frein pneumatique
la bobine de démarrage	**brake (toe —)**
booster pump	le frein à pied
la pompe de suralimentation, la pompe	**brake (wheel —)**
de gavage	le frein de roue
border	**brake** *(v)*
la frontière	freiner
bore	**brake accumulator**
l'alésage *(m)*	l'accumulateur de frein *(m)*
bottom	**brake cylinder**
bas *(m)*	le cylindre de frein
bottom dead centre	**brake disc**
le point mort bas	le disque de frein
bound for	**brake drum**
en route pour	le tambour de frein
boundary	**brake lining**
la limite	la garniture de frein
boundary layer	**brake pad**

le tampon de frein
brake parachute
le parachute frein
brake pedal
la pédale de frein
brake shoe
le sabot de frein
brake state (windmill —)
le fonctionement en moulinet-frein
brakes (release the —) *(v)*
lâcher les freins
braking
le freinage
braking (aerodynamic —)
le freinage aérodynamique
braking (differential —)
le freinage différentiel
braking action
le freinage
braking system
le circuit de freinage
break
la cassure (weather)
break away *(v)*
se décrocher (airflow)
break up *(v)*
se désagréger, se disperser (clouds), se désintégrer
breakaway
le décollement
breakaway *(v)*
décoller
breakdown
la panne
breakdown *(v)*
tomber en panne, être en panne
breaker
le disjoncteur, l'interrupteur *(m)*
breather
le reniflard
breeze
la brise
breeze (land —)
la brise de terre
breeze (sea —)
la brise de mer
brief *(v)*
donner des instructions à, briefer

briefing
le briefing
bright period
l'éclaircie *(f)*
brilliance
l'éclat *(m)*, le brillant
brilliancy
l'éclat *(m)*, le brillant
broadcast
l'émission *(f)*
broadcast *(v)*
émettre
broken
morcelé (cloud)
buffeting
le tremblement, le buffeting
build (up) *(v)*
amonceler (met.), augmenter
built-up area
l'agglomération *(f)*
bulkhead (pressure —)
la cloison étanche
bumpy flight
le vol chahuté, le vol secoué
bungee
le sandow
bunt
le looping inversé
burn *(v)*
brûler
burner
le brûleur
bus
le bus
bus (digital —)
le bus numérique
bus management
la gestion de bus
busbar
la barre omnibus
butterfly valve
le papillon des gaz
button
le poussoir, le bouton, la touche
button (push —)
le bouton-poussoir
button ('push to test' —)
le bouton de test, le test

button (push/pull —)	la dérivation
le bouton-tirette	**bypass ratio**
Buys Ballot's law	le taux de dilution, le rapport de dilution
la loi de 'Buys Ballot'	**bypass valve**
bypass	le clapet de dérivation

C

C of A release
le bon de vol

cabin
la cabine, la carlingue

cabin (pressure —)
la cabine pressurisée

cabin air bleed valve
le clapet de prélèvement d'air cabine

cable
le câble

cable (high tension —)
la ligne à haute tension

cable operated
actionné par câble

cage *(v)*
bloquer

caging
le blocage

caging device
le dispositif de blocage

calculate *(v)*
calculer

calculation
le calcul

calibrate *(v)*
calibrer, étalonner, tarer

calibration
l'étalonnage *(m)*, le réglage, le calibrage, le tarage

call *(v)*
appeler

callsign
l'indicatif d'appel *(m)*

calm
calme

calorific value
le pouvoir calorifique

cam
la came

camber
la cambrure

camber (variable —)
la cambrure variable

camber line (mean —)
la ligne moyenne de profil

cambered
cambré

camouflage
le camouflage

camouflage *(v)*
camoufler

camshaft
l'arbre à cames *(m)*

camshaft (overhead —)
l'arbre à cames en tête *(m)*

canal
le canal

canal (semi-circular —)
le canal demi-ciculaire

canard
le canard

cancel *(v)*
annuler

cancellation
l'annulation *(f)*

cannibalise *(v)*
pirater les pièces

canopy
la verrière

canopy (sliding —)
la verrière coulissante

canopy arch
l'arceau de verrière *(m)*

canopy jettison
le largage verrière

canopy jettison gun
le canon d'éjection de verrière

canopy seal
le boudin d'étanchéité verrière

capacitance
la capacité

capacitor
le condensateur

capacity
la capacité

capacity
la contenance (tank)

capacity (carrying —)
la capacité d'emport

capillary tube
le tube capillaire

capsule
la capsule

capsule (barometric —)
la capsule barométrique

capture
 la capture
capture (v)
 capter
carbon dioxide
 le gaz carbonique
carbon fibre
 la fibre de carbone
carbon tetrachloride
 le tétrachlorure de carbone
carburetted
 carburé
carburettor
 le carburateur
carburettor (float type —)
 le carburateur à niveau constant
carburettor heat
 le réchauffage carburateur
carburettor heat control
 la tirette de réchauffage
carburettor ice
 le givre de carburateur
carburettor icing
 le givrage carburateur
cardinal heading
 le cap cardinal
cardinal point
 le point cardinal
cargo
 la cargaison
cargo door
 la porte-cargo, la porte de chargement
cargo handling
 la manutention
cargo hold
 la soute
cargo manifest
 le manifeste des marchandises
carrier (aircraft —)
 le porte-avions
carrier (weapons —)
 le vecteur d'armements
carrier aircraft
 l'avion embarqué (m)
carrier borne
 embarqué
carry out (v)
 effectuer

cartridge
 la cartouche
casing
 le carter
catapult
 la catapulte
catapult (v)
 lancer un avion
catapult launch
 le catapultage
category
 la catégorie
cathode ray tube CRT
 le tube à rayons cathodiques TRC
caution
 la prudence
caution (proceed with —) (v)
 agir avec prudence
cavitation
 la cavitation
ceiling
 le plafond
ceiling (absolute —)
 le plafond absolu, le plafond théorique
ceiling (maximum operating —)
 le plafond maximum en exploitation
ceiling (operational —)
 le plafond opérationnel
ceiling (service —)
 le plafond pratique
celestial dome
 la voûte céleste
cell
 l'élément (m) (battery), la pile
cell (fuel —)
 la pile à combustible
centigrade
 centigrade
centre
 le centre
centre of gravity
 le centre de gravité
centre of gravity (aft —)
 le centrage arrière
centre of gravity (aft—limit)
 la limite de centrage arrière
centre of gravity (forward —)
 le centrage avant

centre of gravity (forward—limit)
la limite de centrage avant
centre of gravity limit
la limite de centrage
centre of gravity position
le centrage
centre of gravity range
la plage de centrage
centre of lift
le centre de poussée aérodynamique
centre of pressure
le centre de poussée aérodynamique
centreline
la ligne médiane
centreline (divergence from the —)
l'écart par rapport au faisceau *(m)*
(beam)
centreline (extended —)
l'axe prolongé *(m)*
centrifugal
centrifuge
centrifugal force
la force centrifuge
centring (self —)
à centrage automatique
centring device
le dispositif de centrage
centripetal
centripète
centripetal force
la force centripète
ceramic
céramique
certificate of airworthiness C of A
le certificat de navigabilité
certification
l'homologation *(f)*
certification (type —)
le certificat de navigabilité de type
certify *(v)*
homologuer
change
le changement, la variation
change *(v)*
changer
changeover
le changement
changeover switch

le commutateur
channel
la bande de fréquence, la chaîne
channel (multi —)
multi-canaux, à canaux multiples
channel indicator
l'indicateur de fréquence *(m)*
characteristic
la caractéristique
characteristics (dive —)
le comportement en piqué
charge-coupled device CCD
la barrette
chargehand
le chef d'équipe
charger (trickle —)
le chargeur à régime lent
chart
la carte
chart (aeronautical —)
la carte aéronautique
chart (approach —)
la carte d'approche
chart (contour —)
la carte avec courbes isobariques
chart (en route —)
la carte de cheminement
chart (landing —)
la carte d'atterrissage
chart (nav/rad —)
la carte de radionavigation
chart (navigation —)
la carte de navigation
chart (plotting —)
la carte de tracé de navigation
chart (synoptic —)
la carte synoptique
chart (upper air —)
la carte en altitude
charter (split —)
l'affrètement partiel de la capacité de
l'avion *(m)*
charter flight
le vol en charter, le vol d'affrètement, le
vol à la demande
chatter
le broutage
check

la vérification, l'inspection *(f)*, le contrôle

check (external —)
la visite extérieure

check (functional —)
l'essai fonctionnel *(m)*, la vérification fonctionnelle

check (pre/post —)
la visite avant/après vol

check (preflight —)
le contrôle avant le vol, la visite 'pré-vol'

check *(v)*
contrôler, vérifier

check (external —)
le contrôle extérieur

check and sign for *(v)*
réceptionner

check list
la liste de contrôle, la check-list

check-in
l'enregistrement *(m)*

check-in desk
le comptoir d'enregistrement

checkpoint
le contrôle

chilly
frais, frisquet

chock
la cale de roue

chock *(v)*
caler, mettre les cales

chock-to-chock time
le temps de vol cale à cale

chocks (remove the —) *(v)*
enlever les cales

choke tube
le diffuseur

chord
la corde

chord (mean —)
la corde moyenne

chord (mean aerodynamic —)
la corde aérodynamique moyenne

chord (mean geometric —)
la corde géométrique moyenne

chord line
la ligne de corde

circle
le cercle

circle (great —)
le grand cercle

circle (semi-great —)
le demi-grand cercle, le cercle semi-circulaire

circle (small —)
le petit cercle

circle of uncertainty
le cône d'incertitude

circuit
le circuit, le tour de piste

circuit (bad weather —)
le circuit de mauvais temps

circuit (closed —)
le circuit fermé

circuit (closed—television)
la télévision en circuit fermé

circuit (integrated —)
le circuit intégré

circuit (open —)
le circuit ouvert

circuit (short —)
le court-circuit

circuit (short —) *(v)*
court-circuiter

circuit (very high speed integrated —)
le circuit intégré à grande vitesse

circuit board (printed —)
le circuit imprimé

circuit breaker
le disjoncteur, l'interrupteur *(m)*

circular
circulaire

circulation
la circulation

circumference
la circonférence, le pourtour

cirrocumulus
le cirro-cumulus

cirrostratus
le cirro-stratus

cirrus
le cirrus

city
la cité

civil

civil

class (business —)
la classe affaires

class (economy —)
la classe économique

class (first —)
la première classe

class (tourist —)
la classe touriste

clear
clair (air)

clear (v)
dégager (runway), autoriser (ATC)

clear-all-round
les abords dégagés (mpl)

clear up (v)
s'éclaircir (weather), se découvrir, se
dégager

clearance
l'éclaircie (f) (weather), la clairance
(ATC), la cassure (weather)

clearance (flight —)
l'autorisation de vol (f)(ATC)

clearance (ground —)
la garde au sol

clearance (landing —)
l'autorisation d'atterrir (f)

clearance (obstacle —)
le franchissement des obstacles, le
passage des obstacles

clearance (off-airways —)
l'autorisation de circuler hors des voies
aériennes (f)

clearway
la trouée de sécurité, le prolongement
dégagé dans l'axe de piste

climate
le climat

climatic conditions
les conditions climatiques (fpl)

climatology
la climatologie

climb (v)
monter

climb
la montée

climb (angle of —)
l'angle de montée (m)

climb (en route —)
la montée en route

climb (initial —)
la montée initiale

climb (rate of —)
le taux de montée, la vitesse
ascensionnelle

climb (shallow —)
la faible pente de montée

climb (top of —)
la fin de montée

climb and descent indicator (rate of —)
RCDI
le variomètre

climb gradient
la pente ascendante, la pente de montée

climb on course (v)
monter au cap

climb-out
la montée au décollage

climb performance
la performance en montée

climbing
en montée

climbing attitude
l'assiette de montée (f)

climbing configuration
la configuration de montée

climbing speed
la vitesse de montée

climbing turn
le virage en montée

clockwise
dans le sens des aiguilles d'une montre

close down (v)
clôturer (radio)

cloud
le nuage

cloud (clear of —)
hors des nuages

cloud (eighth of —)
le huitième de nuage

cloud (heap —)
le nuage en monceaux

cloud (high —)
le nuage supérieur

cloud (layer —)
le nuage en couches

cloud (low —) le nuage inférieur	le robinet
cloud (medium —) le nuage moyen	**cock (high pressure —)** le robinet haute pression
cloud (roll —) le nuage en (forme de)rouleau	**cock (low pressure —)** le robinet basse pression
cloud (rotor —) le nuage de rotor	**cocked hat** le triangle d'erreurs
cloud (top of —) le sommet des nuages	**cockpit** l'habitacle (m), le poste de pilotage, le cockpit
cloud amount la nébulosité	**cockpit (forward facing— concept FFCC)** le poste de pilotage tout à l'avant
cloud base la base des nuages	**cockpit layout** la conception du poste de pilotage.
cloud ceiling le plafond des nuages	**cockpit lighting** l'éclairage du poste de pilotage (m)
cloud height la hauteur des nuages	**coefficient** le coefficient
cloud layer la couche nuageuse	**cog** le rouage
cloud over (v) se couvrir, s'obscurcir, se brouiller	**cogwheel** le pignon, la roue dentée
cloud thickness l'épaisseur des nuages (f)	**coil** la bobine
cloud tops le dessus des nuages, le sommet des nuages	**coil (excitor —)** la bobine d'excitation
cloudburst la trombe d'eau, le déluge	**coil (field —)** la bobine de champ
cloudless sans nuages	**coil (igniter —)** la bobine d'allumage
clubhouse le club, le cercle	**coil (induction —)** la bobine d'induction
clutch l'embrayage (m)	**col** le col (barométrique), le marais barométrique
clutter les échos (mpl)	**cold** froid
co-pilot le copilote	**cold air unit** le climatiseur froid, le turboréfrigérateur
coalesce (v) se fondre	**cold soak** l'imprégnation à froid (f)
coalescence la fusion	**collapse (v)** s'effondrer
coast la côte	**collision** la collision, l'abordage (m)
coastline la côte	**collision (mid-air —)** l'abordage aérien (m), la collision en vol
cock	

collision avoidance
la prévention des abordages
collision course
la trajectoire d'abordage
colour coding
le code des couleurs
column
la colonne
combat
le combat
combat (close —)
le combat rapproché
combat air patrol
la patrouille aérienne de combat
combustion
la combustion
combustion chamber
la chambre de combustion
communication
la communication
compass
le compas, la boussole (early compasses
of the P2 type)
compass (gyro magnetic —)
le compas gyromagnétique
compass (gyrosyn —)
le compas gyrosyn
compass (landing —)
le compas de précision
compass (magnetic —)
le compas magnétique
compass (radio —)
le compas radio
compass (repeating —)
le compas répétiteur
compass (standby —)
le compas de secours
compass base
l'aire de compensation (f), l'aire de
régulation des compas (f)
compass bowl
le bol du compas
compass card
la rose du compas
compass correction card
la courbe de régulation/compensation, la
courbe d'étalonnage du compas
compass heading

le cap compas
compass north
le nord compas
compass rose
la rose du compas
compass swing
la compensation du compas
compensate (v)
compenser
compensation
la compensation
complete (v)
compléter
comply with (v)
se conformer à
component
le composant, l'organe (m)
composite
le composite
composition
la composition
compress (v)
comprimer
compressed air starter
le démarreur à air comprimé
compressibility
la compressibilité
compressible
comprimable, compressible
compression
la compression
compression ratio
le taux de compression, le rapport de
compression
compressor
le compresseur
compressor (axial —)
le compresseur axial
compressor (centrifugal —)
le compresseur centrifuge
compressor (single stage —)
le compresseur à un étage
compressor casing
le carter de compresseur
compressor stall
le blocage aérodynamique
compressor surge
le pompage compresseur

compulsory
obligatoire
computer
l'ordinateur *(m)*, le calculateur, la
centrale
computer (analog —)
le calculateur analogique
computer (navigation —)
le calculateur de navigation
computer aided design CAD
la conception assistée par ordinateur CAO
computer aided design and
manufacture CAD/CAM
la conception et la fabrication assistées
par ordinateur CFAO
concrete
le béton
condensation
la condensation
condensation nuclei
les noyaux de condensation *(mpl)*
condensation trail
la traînée de condensation
condense *(v)*
condenser
condenser
le condensateur (electrical),le condenseur
(gas)
condensing out
la solidification
condition
la condition, l'état *(m)*
conditional
conditionnel
conduct *(v)*
conduire
conductance
la conductance
conduction
la conduction
conductivity
la conductivité
conductor
le conducteur
conductor (semi —)
le semi-conducteur
cone of silence
le cône de silence

configuration
la configuration
configuration (clean —)
la configuration lisse
coning angle
l'angle de conicité *(m)*
connect *(v)*
brancher, connecter
connecting rod
la bielle
connection
le branchement, la prise, la connexion
connection (loose —)
le mauvais contact
connector
le connecteur
console
la console
constant
constant
constant speed unit CSU
l'entraînement à vitesse constante *(m)*
constriction
le resserrement, l'étranglement *(m)*
constructor
le constructeur
consumption
la consommation
contact
le contact
contact *(v)*
prendre contact, contacter
contact breaker
le rupteur
container
le conteneur
contaminate *(v)*
contaminer
contamination
la contamination
content
le contenu
continent
le continent
continental
continental
continue *(v)*
continuer

contour
le contour

contra-rotating
à contre-tours

contract *(v)*
contracter, se creuser (capsule)

contraction
la contraction

control
le contrôle, la commande (general), la gouverne (control surface)

control (active —)
le contrôle actif

control (aileron —)
la commande d'aileron, le gauchissement

control (directional —)
le contrôle en lacet

control (elevator —)
la gouverne de profondeur

control (flying —)
la commande de vol

control (lateral —)
la maniabilité en roulis, le contrôle latéral

control (longitudinal —)
la maniabilité longitudinale, le contrôle longitudinal

control (manual —)
la commande manuelle

control (power assisted —)
la commande assistée

control (power operated —)
la commande servo-motrice

control (put the—back to neutral) *(v)*
remettre les commandes au neutre

control (quality —)
le contrôle de qualité

control (remote —)
la commande à distance

control (roll —)
le contrôle en roulis, le gauchissement

control (rudder —)
la gouverne de direction

control (servo —)
la servo-commande, l'asservissement *(m)*

control (trim —)
la commande de trim

control advance (cyclic —)
le déphasage de la commande du pas cyclique

control area
la région de contrôle

control area (terminal —) TMA
la région de contrôle terminale

control cable
le câble de commande

control centre (area —) ACC
le centre de contrôle régional CCR

control column
le manche à balai

control column (offset —)
le manche latéral

control configured vehicle CCV
le contrôle actif généralisé CAG

control deflection
le débattement des gouvernes

control jack
le vérin de gouverne

control knob
le bouton de commande

control lever
le levier de commande, la manette de commande

control linkage
la timonerie de commande, la cinématique

control lock
le blocage de commande

control panel
le pupitre de commande

control rod
la bielle de commande

control surface
la gouverne

control tower
la tour de contrôle

control zone
la zone de contrôle

controllability
la maniabilité

convection
la convection

conventional
conventionnel

conventional signs

les signes conventionnels *(mpl)*

converge *(v)*
converger

convergence
la convergence

convergency
la convergence des méridiens

convergent
convergent

convergent/divergent
convergent/divergent

conversion
la conversion, la transformation
(change), la reconversion (from one type
of aircraft to another)

conversion angle
la correction de Givry

conversion table
la table de conversion

convert *(v)*
convertir, transformer

converter
le convertisseur

cool *(v)*
refroidir

coolant
le liquide réfrigérant

cooling
le refroidissement

cooling (liquid —)
le refroidissement par liquide

cooling circuit
le circuit de refroidissement

coordinate
la coordonnée

coordinates (geographical —)
les coordonnées géographiques *(fpl)*

Coriolis effect
l'effet de Coriolis *(m)*

Coriolis force
la force de Coriolis

correct
correct

correct *(v)*
corriger

correction
la correction

correction card

la table de correction

corridor
le corridor

corrosion
la corrosion

corrosive
corrosif

cosine
le cosinus

cost (direct operating —)
le coût direct d'exploitation

cost per flying hour
le prix de revient de l'heure de vol

cost, insurance, freight CIF
coût, assurance et fret *(m)* CAF

counteract *(v)*
contrecarrer, neutraliser

counterbalance
le contrepoids

counterbalance *(v)*
contrebalancer

couple
le couple

couple *(v)*
coupler

coupled
en communication directe, en prise
directe

coupler
le coupleur

coupling
le raccord, l'accouplement *(m)*

coupling (flexible —)
l'accouplement flexible *(m)*

course
le cap, le stage (training)

course (alter —) *(v)*
changer de cap

course (be off —) *(v)*
être en dehors de la route prévue

course (blow off —)*(v)*
déporter

course (compass —)
le cap compas

course (set —) *(v)*
prendre le cap

course (steer a —) *(v)*
voler à un cap, suivre un cap

course (training —)
le stage d'instruction

course (true —)
le cap vrai

cowling
le capot

crack
la crique

crack (hairline —)
la crique capillaire

crack testing
la recherche des criques

crank lever
le guignol

crankcase
le carter moteur

crankpin
le maneton

crankshaft
le vilebrequin

crash
l'accident *(m)*

crash *(v)*
s'écraser au sol, se crasher

crash tender
le véhicule de secours

crazing
le fendillement

creep
le fluage

crest
la crête

crew
l'équipage *(m)*

crew (cabin —)
le personnel navigant

crew (ground —)
le personnel au sol

crew operation (two —)
l'équipage à deux *(m)*, le pilotage à deux

crinkle *(v)*
cloquer

critical
critique

critical point
le point milieu

crop spraying
l'épandage aérien *(m)*

cross *(v)*
traverser

cross-hatched
hachuré

cross-hatching
la hachure

cross-section
la vue en coupe, la coupe transversale

crossfeed
l'intercommunication *(f)*

crossfeed cock
le robinet d'intercommunication
carburant

crossfeed valve
le clapet d'intercommunication

crossing
la traversée

crosswind
le vent de travers, le vent traversier

crosswind component
la composante transversale du vent

cruise
la croisière

cruise (constant altitude —)
la croisière à altitude constante

cruise (constant power —)
la croisière à régime constant

cruise (economical —)
la croisière économique

cruise *(v)*
voler

cruise climb
la croisière ascendante

cruise descent
la croisière descendante

cruising ceiling
le plafond de croisière

cruising flight
le vol en croisière

cruising level
le niveau de croisière

cruising speed
la vitesse de croisière

crystal
le cristal

crystal (liquid —)
le cristal liquide

crystalline

cristallin
cuban eight
le huit cubain
cuff
le manchon
cumulonimbus
le cumulo-nimbus
cumulus
le cumulus
cumulus (heavy —)
le cumulus congestus
cuneiform
cunéiforme
current
le courant
cursor
le curseur
curvature
la courbure, l'incurvation *(f)*
curvature of the earth
la courbure de la terre
cushion (air-vehicle)
l'aéroglisseur *(m)*
customs aerodrome
l'aérodrome douanier *(m)*
customs airport
l'aéroport douanier *(m)*

customs and excise
la douane
customs clearance
le dédouanement
cycle
le cycle, la période
cycle (four stroke —)
le cycle à quatre temps
cyclone
le cyclone
cyclonic
cyclonique
cyclostrophic
cyclostrophique
cylinder
le cylindre
cylinder block
le bloc moteur, le bloc-cylindres
cylinder capacity
la cylindrée
cylinder head
la culasse, la tête de cylindre
cylinder head temperature
la température de cylindre
cylinder liner
la chemise de cylindre

D

daily
quotidien

damage (foreign object —) FOD
le dommage venant d'objets étrangers

damaged
endommagé

damp
humide

damp *(v)*
amortir

damp out *(v)*
amortir

damped (heavily —)
fortement amorti

damped oscillation
l'oscillation amortie *(f)*

damping
l'amortissement *(m)*

damping (gas —)
l'amortissement gazeux *(m)*

damping moment
le moment d'amortissement

danger area
la zone dangereuse

data
les données *(fpl)*

data acquisition
l'acquisition des données *(f)*

data bank
la banque de données

data base
la base de données

databus
le bus de données, le databus

data highway
le chemin de données

data interface link (operational —)
la liaison ODIN

data link
le système de transmission des données

data processing
le traitement des données

datum
la donnée

datum line
la ligne de référence

datum point
le point de repère, le point de référence

dawn
l'aube *(f)*

day
le jour, la journée

dazzle
l'éblouissement *(m)*

DC bus
le bus continu

DC generator
la génératrice à courant continu

DC link
la liaison courant continu

DC power supply
l'alimentation en courant continu *(f)*

DC volts
la tension continue

de-icing system (engine —)
le circuit de dégivrage moteur

de-ice *(v)*
dégivrer

de-icing
le dégivrage

de-icing boot
le dégivreur pneumatique, le boudin en caouchouc

de-icing fluid
le liquide dégivrant

de-icing system (airframe —)
le circuit de dégivrage cellule

de-inhibit *(v)*
déstocker

de-inhibiting
le déstockage

dead reckoning
la navigation à l'estime

dead space
l'espace mort *(m)*

debrief *(v)*
faire un compte-rendu

debriefing
le compte rendu, le rapport, le debriefing

decay
la désintégration, la disparition

decay *(v)*
se désintégrer

decelerate *(v)*

décélérer
deceleration
la décélération
decibel
le décibel
deck
le pont
deck (upper —)
le pont supérieur
deck land (v)
apponter
deck landing
l'appontage (m)
decode (v)
décoder
decoder
le décodeur
decoy
le leurre
decoying
le leurrage
decrease (v)
diminuer, décroître
decrease
la diminution, la décroissance
deep
profond
defect
le défaut
defective
défectueux
defence
la défense
defence (forward —)
la défense de l'avant
deflate (v)
dégonfler
deflation
le dégonflement
deflect (v)
braquer (controls), dévier, défléchir
deflection
le braquage (controls), la déviation, la déflexion
deflection angle
l'angle de braquage (m)
deflector
le déviateur

deformation
la déformation
defuel (v)
vidanger le carburant
defuelling
la vidange carburant
degree
le degré
degree Celcius
le degré Celcius (centigrade)
degree Fahrenheit
le degré Fahrenheit
delay
le retard, le délai
deliver (v)
livrer
delivery
la livraison
demagnetisation
la désaimantation
demagnetise (v)
démagnétiser, désaimanter
demist (v)
désambuer
demisting
le désambuage
dense
opaque, dense (fog), épais (fog)
density
la densité
density (high —)
la haute densité(configuration)
departure
le départ
departure aerodrome
l'aérodrome de départ (m)
departure lounge
la salle d'embarquement
departure time
l'heure de départ (f)
deployment
le déploiement
deposit
le dépôt
deposit (v)
déposer
depression
la dépression

depression (deepening of a —)
le creusement d'une dépression
depression (secondary —)
la dépression secondaire
depressurisation
la dépressurisation
depressurise (v)
dépressuriser
derate (v)
détarer
derating
le détarage
derivative
la dérivée, le dérivé (product)
descend (v)
descendre
descending
en descente, descendant
descent
la descente
descent (emergency —)
la descente d'urgence, la descente de
secours
descent (fast —)
la descente rapide
descent (glide —)
la descente en vol plané
descent (maximum rate of —)
la descente opérationnelle
descent (rate of —)
le taux de descente, la vitesse
descensionnelle
descent without power
la descente moteur coupé
description
le signalement (passport)
desert
le désert
design
la conception
design (v)
concevoir
design office
le bureau d'études
designer
le dessinateur, la dessinatrice
destabilise (v)
déstabiliser

destabilising
déstabilisateur
destination
la destination
destination aerodrome
l'aérodrome de destination (m)
desynchronise (v)
désynchroniser
detachment
le détachement (military), la séparation
detect (v)
détecter
detection
la détection
detector unit
le détecteur
detent
le cran, l'encoche (f)
deteriorate (v)
se détériorer (weather)
deterioration
la détérioration
deterrence
la dissuasion
deterrent
la force de dissuasion
detonate (v)
détoner
detonation
la détonation
develop (v)
mettre au point
development
la mise au point
deviation
la déviation
dew
la rosée
dew point
le point de rosée
dial
le cadran
diameter
le diamètre
diaphragm
le diaphragme
differential
différentiel

diffuser
le diffuseur
diffuser vane
l'aube de diffuseur *(f)*
digital
numérique
digital-analogue converter
le convertisseur numérique-analogique
digital electronic control
la régulation électronique numérique
digitise *(v)*
digitaliser
dihedral
le dièdre positif
dim *(v)*
mettre en veilleuse
dimension
la dimension, la cote, le gabarit
dimensional (two —)
bidimensionnel
dimensions (overall —)
les cotes d'encombrement *(fpl)*, les
dimensions hors-tout *(fpl)*
dimmer
le rhéostat
dimming
la mise en veilleuse
dinghy
le canot de sauvetage, le canot
pneumatique
diode
la diode
dip (angle of —)
l'inclinaison d'une aiguille aimantée *(f)*
dipstick
le jaugeur manuel
direct current DC
le courant continu CC
direct hit
le coup au but
direction
la direction, le sens
direction (opposite —)
la direction opposée
direction finder
le goniomètre
**direction finder (very high frequency
—) VHF**

le goniomètre VHF, l'indicateur de
direction VHF *(m)*
direction finding D/F
la goniométrie
direction indicator
le directionnel (modern), le conservateur
de cap
directional
directionnel
disc area
le disque balayé
discharge
la décharge
discharge *(v)*
décharger (electrics)
discharge valve
le clapet de décharge, la soupape de
décharge
disconnect *(v)*
déconnecter, débrancher (electrics),
déboîter (pipes)
disconnection
le débranchement (electrics), la coupure
discretion
la discrétion
disengage *(v)*
débrayer
disengagement
le débrayage
dispersal
la dispersion
disperse *(v)*
disperser
displace *(v)*
déplacer, décaler (move forward or
back)
displacement
le déplacement, le décalage
display
la présentation, l'affichage *(m)*, le visuel
(VDU), la visualisation
display (bad weather —)
la présentation de mauvais temps
display (flying —)
la démonstration en vol, la présentation
en vol
display (multifunction —)
l'écran multifonction *(m)*

34   **English to French**

display *(v)*	**diurnal**
présenter	diurne
display unit (visual —) VDU	**dive**
l'écran de visualisation *(m)*	le piqué
dissipate *(v)*	**dive (shallow —)**
se dissiper	la faible pente de descente
distance	**dive (spiral —)**
la distance	le virage engagé, le piqué en spirale
distance (accelerate-stop —)	**divergence**
la distance accélération-arrêt	la divergence
distance (emergency —)	**divergent**
la distance accélération-arrêt	divergent
distance (skip —)	**divergent nozzle**
la zone de silence	le divergent
distance (stopping —)	**diversion**
la distance d'arrêt	le déroutement, le dégagement
distance (unstick —)	**diversion airfield**
la distance d'envol	l'aérodrome de dégagement *(m)*
distance covered	**divert** *(v)*
la distance parcourue	dérouter, détourner
distance marker	**dividers**
la marque de distance	le compas à pointes sèches
distance measuring equipment DME	**documentation**
le dispositif de mesure distance DME	la documentation
'distance to go' marker	**dog fight**
l'indicateur de distance à parcourir *(m)*	le combat tournoyant
distort *(v)*	**dog leg**
brouiller (radio)	le coude, la déviation en patte de chien
distortion	**doldrums**
la distorsion, le brouillage	les calmes équatoriaux *(mpl)*
distress	**dome**
la détresse	le dôme, la coupole
distress call	**domestic**
l'appel de détresse *(m)*	domestique
distress signal	**domestic flight**
le signal de détresse	le vol domestique
distribution	**door (entrance —)**
la distribution	la porte d'entrée
distributor	**Doppler effect**
le distributeur	l'effet doppler *(m)*
disturb *(v)*	**Doppler shift**
perturber	le glissement doppler
disturbance	**dorsal**
la perturbation	dorsal
ditch *(v)*	**down**
amerrir, faire un amerrissage forcé	en bas, vers le bas
ditching	**downcurrent**
l'amerrissage forcé *(m)*	le courant d'air descendant

downdraft
le courant d'air descendant

downpour
la pluie torrentielle, le déluge

downstream
en aval

downstroke
la course descendante (piston)

downwards
vers le bas

downwash
la déflexion

downwind
le vent arrière

drag
la traînée

drag (aileron —)
la traînée d'aileron

drag (base —)
la traînée de culot

drag (coefficient of —) CD
le coefficient de traînée

drag (compressibility —)
la traînée de compressibilité

drag (form —)
la traînée de forme

drag (induced —)
la traînée induite

drag (interference —)
la traînée d'interaction

drag (momentum —)
la traînée dynamique, la traînée de captation

drag (parasite —)
la traînée parasite

drag (profile —)
la traînée de profil

drag (propeller —)
la traînée d'hélice

drag (trim —)
la traînée d'équilibrage, la traînée de compensation

drag (wave —)
la traînée d'onde

drag hinge
l'axe de traînée *(m)*

drag rise
l'augmentation de traînée *(f)*

drain *(v)*
vidanger

drain cock
le robinet de vidange

drain off *(v)*
vidanger

drain plug
le bouchon de vidange

draining
la vidange

draughtsman / draughtswoman
le dessinateur, la dessinatrice

drift
la dérive

drift *(v)*
dériver, s'amonceller (snow), s'entasser (snow)

drift angle
l'angle de dérive *(m)*

drift indicator
le cinémodérivomètre

drift sight
le dérivomètre

drive
l'entraînement *(m)*

drive *(v)*
entraîner

drive (direct —)
la prise directe

drive shaft
l'arbre d'entraînement *(m)*

drizzle
la bruine, le crachin

drizzle *(v)*
bruiner, crachiner

drone
le drone

drop
la goutte

drop *(v)*
larguer (from an aircraft)

droplet
la gouttelette

dropping
le largage

dropping zone
la zone de largage

dry

sec, sèche
dual
 jumulé, double
dual control
 la double commande
dual instruction
 le vol en double commande
duct
 le conduit
ducted fan
 la soufflante carénée
ducted propeller
 l'hélice carénee *(f)*, l'hélice canalisée *(f)*
due
 plein (west, etc.)
dull
 morne
dumbbell
 le haltère
dump valve
 le clapet de drainage
duplex burner
 le brûleur à double débit
duplicated
 doublé

durability
 la durabilité
dusk
 le crépuscule
dust
 la poussière
dust cap
 le protecteur anti-poussière
dust devil
 le tourbillon de poussière
dust storm
 la tempête de poussière
Dutch roll
 le roulis hollandais
duty free shop
 le magasin hors-taxe, la boutique
franche
dynamic
 dynamique
dynamo
 la dynamo
dynamometer
 le dynamomètre
dyne
 la dyne

E

earphones
le casque à écouteurs, l'écouteur *(m)*

earth
la terre

earth *(v)*
mettre à la terre, mettre à la masse

earth wire
le fil de masse

east
l'est *(m)*

eastbound
en direction est

Easterlies
le vent d'est

easterly
d'est

eastern
oriental, de l'est

echelon
l'échelon *(m)*

echelon port
l'échelon refusé à gauche *(m)*

echelon starboard
l'échelon refusé à droite *(m)*

echo
l'écho *(m)*

echo (permanent —)
l'écho fixe *(m)*

economical
économique

economy
l'économie *(f)*

eddy
le remous, le tourbillon

effect
l'effet *(m)*, l'action *(f)*, la conséquence

effectiveness
l'efficacité *(f)*

efficient
efficace

efflux (jet —)
le souffle réacteur, le flux réacteur

eject *(v)*
s'éjecter

ejector seat
le siège éjectable

ejector seat (rocket —)
le siège éjectable à fusée

elasticity
l'élasticité *(f)*

electric
électrique

electric charge
la charge électrique

electric current
le courant électrique

electric motor
le moteur électrique

electrical
électrique

electrical discharge
la décharge électrique

electrical interference
le brouillage

electrician
l'électricien *(m)*

electricity
l'électricité *(f)*

electricity (static —)
l'électricité statique *(f)*

electricity supply lead
le cordon d'alimentation électrique

electrics (non-essential —)
les équipements électriques non indispensables *(mpl)*

electro-cardiogram
l'électro-cardiogramme *(m)*

electro-optical
électro-optique

electro-magnet
l'électro-aimant *(m)*

electrode
l'électrode *(f)*

electrolyte
l'électrolyte *(m)*

electromagnetic
électromagnétique

electromechanical
électromécanique

electromotive force EMF
la force électromotrice FEM

electron
l'électron *(m)*

electronic
électronique

electronic control (full authority digital —) FADEC
la régulation électronique pleine autorité (f) FADEC

electronic counter measures ECM
les contre-mesures électroniques (fpl)

electronics
l'électronique (f)

electronics manufacturer
l'électronicien (m)

element
l'élément (m)

element (finite —)
l'élément fini (m)

elevation
l'élévation (f)

elevator
la gouverne de profondeur (control surface)

elevon
l'élevon (m)

embedded
noyé (cumulonimbus)

embodiment
l'incorporation (f)

emergency
la détresse

emergency (adj.)
d'urgence

emission
le dégagement

emplane (v)
embarquer en avion

emplaning
l'embarquement aérien (m)

en route
en route

en route charges
les redevances de route (fpl)

end (big —)
la tête de bielle

end (small —)
le pied de bielle

endurance
l'autonomie (f)

energise (v)
amorcer, alimenter, exciter, mettre sous tension

energy
l'énergie (f)

energy (high —)
la haute énergie

energy (kinetic —)
la force vive, l'énergie cinétique (f)

energy (potential —)
l'énergie potentielle (f)

energy (solar —)
l'énergie solaire (f)

engage (v)
embrayer, enclencher

engagement
l'embrayage (m), l'enclenchement (m)

engine
le moteur, le réacteur (jet engine), le propulseur

engine (aero —)
le moteur d'aviation, l'aéromoteur (m)

engine (bypass —)
le turboréacteur à double flux, le moteur à double flux

engine (change the —) (v)
remotoriser

engine (changing of the —)
la remotorisation

engine (critical —)
le moteur critique

engine (ducted fan —)
le turboréacteur à ventilateur caréné

engine (fan —)
le turboréacteur à soufflante

engine (fanjet —)
le moteur à double flux

engine (flat —)
le moteur à plat

engine (flat-rated —)
le moteur à puissance constante

engine (flat twin —)
le moteur à deux cylindres à plat

engine (flooded —)
le moteur noyé

engine (gas turbine —)
le turbomoteur

engine (inline —)
le moteur en ligne

engine (internal combustion —)
le moteur à combustion interne

engine (jet —)
le moteur à réaction, le réacteur

engine (lift —)
le réacteur de sustentation

engine (petrol —)
le moteur à essence

engine (piston —)
le moteur à pistons

engine (radial —)
le moteur en étoile

engine (ramjet —)
le statoréacteur

engine (rotary —)
le moteur rotatif

engine (single jet —)
le monoréacteur

engine (supercharged)
le moteur suralimenté

engine (turbofan —)
la turbosoufflante, le moteur à double flux

engine (twin-spool —)
le moteur à double corps

engine (two-stroke —)
le moteur à deux temps

engine (variable thrust —)
le moteur à flux orientable

engine (water-cooled —)
le moteur à refroidissement par eau

engine anti-ice
le dégivrage réacteur

engine at idling r.p.m.
le moteur régime réduit

engine bearer
le bâti-moteur, le berceau moteur

engine change
le remplacement moteur

engine cowling
le capot moteur

engine de-icing system
le circuit dégivrage moteur/réacteur

engine drive shaft
l'arbre d'entraînement moteur *(m)*

engine driven pump
la pompe entraînée par le moteur

engine failure
la panne de moteur

engine failure on take-off
la panne de moteur au décollage

engine fire
le feu moteur, l'incendie moteur *(m)*

engine flameout
l'extinction de moteur *(f)*

engine ground run
le point fixe

engine inoperative
le moteur stoppé

engine instruments
les instruments moteur *(mpl)*

engine limitations
les limitations moteur *(fpl)*

engine logbook
le livret moteur

engine manufacturer
le motoriste

engine mounting
le support moteur, la monture moteur

engine nacelle
le fuseau-moteur, la nacelle moteur

engine overspeed governor
le contrôle d'accélération moteur

engine pod
le fuseau-moteur

engine pod (wing mounted—)
la nacelle alaire

engine pylon
le mât réacteur, le pylône réacteur

engine r.p.m.
le régime moteur

engine run-down time
le temps d'arrêt moteur

engine run-up
le point fixe

engine seizure
le blocage à refus

engine shutdown
la coupure moteur

engine speed
le régime moteur

engine top temperature control
le contrôle de température maximum réacteur

engine vibration
la vibration moteur

engine warm-up
le réchauffage moteur

engineer
l'ingénieur *(m)*
engineer (flight —)
l'ingénieur de bord *(m)*
engineer (flight test —)
l'ingénieur navigant d'essais *(m)*
engineer (project —)
l'ingénieur de projet *(m)*
enter *(v)*
entrer
entry (point of —)
le point d'entrée
envelope (extended firing —)
l'extension domaine de tir*(f)*
environment
le milieu
equal *(v)*
égaler
equalise *(v)*
égaliser
equator
l'équateur *(m)*
equator (magnetic —)
l'équateur magnétique *(m)*
equatorial
équatorial
equatorial regions
les régions équatoriales *(fpl)*
equilibrium
l'équilibre *(m)*
equip *(v)*
équiper, munir (de = with), installer
equipment
l'équipement *(m)*
equipment manufacturer
l'équipementier *(m)*
erect *(v)* (a gyro)
mettre le gyro en position d'utilisation
erection
l'érection *(f)*
erection (fast —)
l'érection rapide *(f)*
erection system
l'érecteur *(m)*
ergonomics
l'ergonomie *(f)*
erroneous
erroné

error
l'erreur *(f)*
escape hatch
la trappe d'évacuation, le hublot largable
establish *(v)*
établir, s'établir (on the ILS)
estimate *(v)*
estimer
estimated flight time
le temps de vol estimé
estimated time of arrival ETA
l'heure estimée d'arrivée *(f)*, l'heure
prévue d'arrivée *(f)*
estimated time of departure ETD
l'heure estimée de départ *(f)*, l'heure
prévue de départ *(f)*
estimation
l'estimation *(f)*, l'évaluation*(f)*
evade *(v)*
s'évader
evaporate *(v)*
s'évaporer
evaporation
l'évaporation *(f)*
evasion
l'évasion *(f)*
evasive manoeuvre
la manœuvre évasive, la manœuvre
d'autoprotection
examination (written —)
l'épreuve écrite *(f)*
examiner (qualified —)
l'examinateur qualifié *(m)*
excess
l'excédent *(m)*
excite *(v)*
exciter
excitor
l'excitateur *(m)*
excitor coil
la bobine d'excitation
execute *(v)*
exécuter
exert *(v)*
exercer
exhaust
l'échappement *(m)*

exhaust (swivel —)
 la tuyère orientable
exhaust cone
 le cône d'échappement
exhaust gas
 le gaz d'échappement
exhaust gas temperature EGT
 la température de sortie des gaz
exhaust manifold
 le collecteur d'échappement, la tubulure d'échappement
exhaust pipe
 la tuyère d'échappement
exhaust valve
 la soupape d'échappement
exit (emergency —)
 la sortie de secours, l'issue de secours (f)
exosphere
 l'exosphère (f)
expand (v)
 dilater (gas), se gonfler (capsule)
expansion
 la dilatation, l'expansion (f), la détente
expansion chamber
 la chambre de détente
expansion ratio
 le taux de détente
expedite (v)
 exécuter en urgence, accélérer
expendable

de consommation, non- utilisable, consommable
experiment
 l'expérience (f)
experiment (v)
 faire une expérience
expert system
 le système expert
explosion
 l'explosion (f)
explosive bolt
 le boulon explosif
exposure suit
 le vêtement de protection
extend (v)
 étendre
extent
 l'étendue (f)
external
 externe, extérieur
extinguish (v)
 éteindre
extract (v)
 extraire
extremity
 l'extrémité (f)
eyelet
 l'œillet (m)

F

fabric
la toile, l'entoilage *(m)*

fabric covered
à revêtement de toile, entoilé

fade out *(v)*
s'effacer, s'évanouir, s'affaiblir

fading
l'affaiblissement *(m)*, l'évanouissement *(m)*

Fahrenheit
Fahrenheit

fail *(v)*
tomber en panne

fail/safe
à sûreté intégrée

failure
la panne

failure warning panel
le tableau de panne, le tableau lumineux des alarmes, le tableau avertisseur de panne

fairing
le carénage, le karman

fall
la chute

fall *(v)*
tomber (rain), baisser (temperature)

falling leaf
la feuille morte

familiarisation
la familiarisation

fan
la soufflante (engine), le ventilateur

fan belt
la courroie de ventilateur

fast
rapide

fastener (snap —)
la pression

fatigue
la fatigue

fatigue crack
la crique de fatigue

fatigue failure
la défaillance en fatigue

fatigue life
la durée de vie en fatigue

fatigue test
l'essai en fatigue *(m)*, l'essai de fatigue *(m)*

ferry flight
le vol de convoyance

feather (auto —)
la mise en drapeau automatique

feather *(v)*
mettre en drapeau

feathered
en drapeau

feathering
la mise en drapeau

feathering hinge
l'axe de variation de pas *(m)*

feathering pump
la pompe de mise en drapeau

feathering/unfeathering button
le bouton poussoir drapeau/dévirage

feature (line —)
la ligne naturelle

feature (topographical —)
le détail topographique

featureless
sans caractéristiques distinctives

feed *(v)*
alimenter

feedback
la réaction

feeder line
la ligne d'apport

fenestron
le fenestron

ferrous
ferreux

ferrule
la virole

fibre glass
la fibre de verre

fibre optics
les fibres optiques *(fpl)*

fibrous
fibreux

field
le champ

fighter
le chasseur

fighter (escort —)
le chasseur d'escorte
fighter-bomber
le chasseur-bombardier
fighter squadron
l'escadron de chasse *(m)*
fill (up) *(v)*
remplir
filler cap
le bouchon de remplissage
fillet
le congé de raccordement
film
la pellicule, le film
filter
le filtre
filter *(v)*
filtrer
fin
la dérive, le plan fixe vertical
fin (dorsal —)
l'arête dorsale *(f)*
fin (ventral —)
l'épine dorsale *(f)*, la quille
fin leading edge
l'arête de dérive *(f)*
fineness ratio
la finesse
fire
le feu, l'incendie *(m)*
fire (rate of —)
la cadence de tir
fire *(v)*
tirer
fire axe
la hache d'incendie *(f)*
fire bottle
l'extincteur *(m)*
fire control system
le système de conduite de tir
fire detector
le détecteur d'incendie
fire detection
la détection d'incendie
fire engine
le camion d'incendie, le camion des pompiers
fire extinguisher bottle

la bouteille extincteur
fire extinguisher system
le circuit d'extinction d'incendie
fire resistant
ignifuge
fire station
la caserne des pompiers, le poste d'incendie (point)
fire wall
la cloison pare-feu
fire warning 'press to test'
l'essai d'alarme incendie *(m)*, le test d'alarme incendie
fire warning light
le voyant indicateur d'incendie
fire warning system
le circuit avertisseur d'incendie
fireproof bulkhead
la cloison pare-feu
fireproofed
ignifugé
firing pass
la passe de tir
first aid box
la boîte à pharmacie de premier secours
first aid kit
la trousse de premier soins, la trousse à pharmacie
first officer
le second-pilote, l'officier pilote *(m)*, le copilote
fit *(v)*
monter, mettre en place,équiper
fit in with *(v)*
s'intégrer dans (eg. circuit)
fitment
le montage
fix
le point, la position, le relèvement
fix (running —)
les lignes de position transportées *(fpl)*
fix *(v)*
faire le point
flag ('off')
le voyant 'off'
flag indicator
le drapeau

flake
le flocon
flame
la flamme
flame detector
le détecteur de flamme
flame resistant
incombustible
flame tube
le tube à flammes
flame-out
l'extinction *(f)*
flammable
inflammable
flap
le volet
flap (blown —)
le volet soufflé
flap (Fowler —)
le volet Fowler
flap (full —)
pleins volets *(mpl)*
flap (high-lift —)
l'hypersustentateur *(m)*
flap (landing —)
les volets d'atterrissage *(mpl)*
flap (leading edge —)
le volet de bord d'attaque
flap (slotted —)
le volet à fente, le volet de courbure à fente
flap (split —)
le volet d'intrados
flap deflection
le braquage des volets
flap setting
l'angle de braquage des volets *(m)*, la position des volets
flap(s) fully down
les volets sortis à fond *(mpl)*
flap(s) fully up
les volets complètement rentrés *(mpl)*
flaperon
le flaperon
flapless
sans volets
flapping
la levée de pale

flapping angle
l'angle de basculement du disque balayé *(m)*
flapping hinge
l'axe de levée de pale *(m)*
flare
la fusée éclairante
flare-out *(v)*
arrondir
flarepath
la piste balisée
flash *(v)*
clignoter
flashlight
la lampe de poche, la lampe/ la torche électrique
flashpoint
le point éclair
flat
plat
flatness
la planéité
fleet
la flotte, le parc
Fleet Air Arm
l'Aéronavale *(f)*
flexing
la flexion, le fléchissement
flick manoeuvres
les manœuvres déclenchées *(fpl)*
flight
le vol
flight (check —)
le vol de contrôle
flight (cross-country —)
le vol sur campagne
flight (demonstration —)
le vol de démonstration, le vol de présentation
flight (high speed —)
le vol à grande vitesse
flight (in —)
en vol
flight (inverted —)
le vol inversé, le vol sur le dos
flight (level —)
le vol en palier
flight (line of —)

la ligne de vol

flight (local —)
le vol local, la promenade aérienne

flight (mechanics of —)
la mécanique de vol

flight (night —)
le vol de nuit, le vol nocturne

flight (normal —)
le vol normal

flight (pleasure —)
le vol de plaisance

flight (preparation for —)
la préparation du vol

flight (straight and level —)
le vol rectiligne, le vol normal horizontal

flight (training —)
le vol d'entraînement

flight (visual —)
le vol à vue

flight conditions
les conditions de vol *(fpl)*

flight deck
le poste de pilotage, le pont d'envol
(carrier)

flight deck (angled —)
le pont d'envol à piste oblique

flight director
le directeur de vol

flight engineer
l'officier mécanicien navigant*(m)* OMN

flight envelope
le domaine de vol

Flight Information Centre
le centre d'information de vol

Flight Information Region FIR
la région d'information de vol

Flight Information Service
le service d'information de vol

flight level
le niveau de vol

flight level (leave a —) *(v)*
libérer un niveau de vol

flight level (reach a —)*(v)*
atteindre un niveau de vol

flight log
le journal de bord

flight management computer
l'ordinateur de gestion de vol *(m)*

flight management system FMS
le système de gestion de vol, le FMS

flight manual
le manuel de vol

flight operations
les opérations de vol *(fpl)*, les opérations
aériennes *(fpl)*

flight path
la trajectoire de vol

flight plan
le plan de vol

flight plan (file a —) *(v)*
soumettre un plan de vol, déposer un
plan de vol

flight planning
la préparation des vols

flight safety
la sécurité aérienne

flight systems
les systèmes de bord *(mpl)*

flight systems control panel
le tableau de commande du système de
vol

flight test
le vol d'essai

float
le flotteur (seaplane), le flottement

float switch
le contacteur à flotteur

float valve
le clapet à flotteur, la vanne à flotteur

floatplane
l'hydravion à flotteurs *(m)*

flooded
inondé

floodlight
le projecteur

floor
le plancher

floor (pressurised —)
le plancher pressurisé

floppy disc
le disque souple, la disquette

flow
l'écoulement *(m)*, le flux

flow (axial —)
l'écoulement axial *(m)*

flow (laminar —)

l'écoulement laminaire *(m)*

flow (rate of —)
le débit

flow (reverse —)
l'écoulement inverse *(m)*

flow (transverse —)
le flux transverse

flow (turbulent —)
l'écoulement turbulent *(m)*

flow meter
le débitmètre, l'indicateur de débit *(m)*

fluctuate *(v)*
fluctuer, varier, osciller

fluctuation
la fluctuation, la variation

fluid
le fluide, le liquide

fluid
fluide

fluoresceine marker
la fluorescéine

fluorescent
fluorescent

flurry
la rafale (snow)

flutter
le flottement, la vibration

flutter *(v)*
vibrer

flux valve
la vanne de flux

fly *(v)*
voler, piloter (an aircraft)

fly-by-wire
les commandes de vol électriques *(fpl)*
CDVE, la commande de vol à
transmission électrique

fly-by-wire (digital —)
les commandes de vol électriques
numériques

fly hands off *(v)*
voler manche libre, voler commandes
libres

fly in *(v)*
voler sur (an aircraft)

flying
le vol, le pilotage, l'aviation *(f)*

flying (low —)

le vol à basse altitude, le vol en rase-
mottes

flying (manual —)
le pilotage manuel

flying (mountain —)
le vol en montagne

flying (powered —)
le vol à moteur

flying (pressure pattern —)
la navigation isobarique

flying boat
l'hydravion (à coque) *(m)*

flying by the seat of one's pants
le pilotage aux fesses

flying by weight shift
le pilotage pendulaire

flying clothing
les vêtements de vol *(mpl)*

flying club
l'aéroclub *(m)*

flying hours
les heures de vol *(fpl)*

flying school (ab initio —)
l'école de début *(f)*

flying school (advanced —)
l'école de perfectionnement*(f)*

flying school (elementary)
l'école de pilotage *(f)*

flying speed
la vitesse de sustentation

flying suit
la combinaison

flying time
le temps de vol, la durée de vol

flypast
le défilé aérien

flyweight
la masselotte

fly-wheel
le volant

foam
la mousse

fog
le brouillard

fog (advection —)
le brouillard d'advection

fog (drifting —)
le brouillard en mouvement

fog (freezing —)
le brouillard givrant
fog (radiation —)
le brouillard de rayonnement
fog (sea —)
le brouillard marin
fog (smoke —)
le brouillard de fumée
fog (upslope —)
le brouillard de pente
fog (wet —)
la brouillasse
fog bank
le banc de brume
fog dispersal
la dénébulation
fog dispersal device
le dénébulateur
fog patch
la nappe de brume
foggy
brumeux
Föhn effect
l'effet de Föhn (m)
fold (v)
se replier (wings)
folding
le repliage (wings)
'follow me' vehicle
la voiture de piste
foot
le pied
force
la force
force (external —)
la force tendant à faire basculer le rotor
(gyroscope)
force (geostrophic —)
la force géostrophique
force (line of —)
la ligne de force
forecast
la prévision
forecast (aerodrome —)
la prévision d'aérodrome
forecast (area —)
la prévision de zone
forecast (landing —)

la prévision d'atterrissage
forecast (route —)
la prévision de route
forecast chart
la carte de prévisions météorologiques
forecaster
le/la météorologiste, le/la prévisionniste
fork-lift truck
l'élévateur à fourche (m)
form (v)
se former (clouds)
formation
la formation
formation (battle —)
la formation de combat
formation (close —)
la formation serrée
formation (line abreast —)
la formation de ligne de front
formation (line astern —)
la formation de ligne de queue
forward
vers l'avant
fraction
la fraction
fraction (representative —)
la fraction représentant l'échelle
fractocumulus
le fracto-cumulus
fractostratus
le fracto-stratus
frame
le cadre
framework
l'ossature (f)
frangible
frangible
freedom
la liberté
freeze (v)
geler, se congeler
freezing
la congélation
freezing
glacial
freezing conditions
les conditions givrantes (fpl)
freezing level

l'altitude de l'isotherme zéro *(f)*

freezing point
le point de congélation

freight
le fret

freighter
l'avion cargo *(m)*

frequency
la fréquence

frequency (club —)
la fréquence club

frequency (Flight Information)
la fréquence information AFIS

frequency (ground —)
la fréquence sol

frequency (high —) HF
la haute fréquence

frequency (low —) LF
la basse fréquence

frequency (natural —)
la fréquence propre

frequency (operating —)
la fréquence opération, la fréquence de
travail, la fréquence opératoire

frequency (pulse recurrence—)
la fréquence d'impulsions

frequency (tower —)
la fréquence tour

frequency (ultra high —) UHF
la fréquence ultra-haute

frequency (very high —) VHF
la très haute fréquence

frequency (very low —) VLF
la très basse fréquence

frequency agility
la vivacité de fréquence

frequency band
la bande de fréquence

frequency matching unit
l'adapteur de fréquence *(m)*

frequency modulation
la modulation de fréquence

frequency range
la gamme de fréquence

frequency response
la réponse en fréquence

frequency tracking
la poursuite en fréquence

friction
la friction, le frottement

friction (skin —)
le frottement superficiel

from (coming —)
en provenance de

front
le front (weather), le devant, l'avant *(m)*

front
avant

front (area behind the cold —)
la traînée

front (cold —)
le front froid

front (occluded —)
le front occlus

front (polar —)
le front polaire

front (warm —)
le front chaud

frontal
frontal

frontal surface
la surface frontale

frontier
la frontière

frontier crossing
le franchissement des frontières

frontogenesis
la frontogénèse

frontolysis
la frontolyse

frost
la gelée, le gel

frost (hoar —)
la gelée blanche

fuel
le carburant, le combustible

fuel (jet —)
le carburéacteur

fuel (unusable —)
le combustible inutilisable

fuel *(v)*
faire le plein, ravitailler l'avion

fuel cock
le robinet carburant

fuel consumption
la consommation carburant

fuel consumption (specific —) SFC
la consommation spécifique de carburant
fuel control unit
le régulateur carburant
fuel filter
le filtre carburant
fuel flow
le débit carburant
fuel flow meter
le débitmètre carburant
fuel gauge
le jaugeur carburant, le jaugeur
d'essence
fuel grade
l'indice d'octane *(m)*
fuel heater
le réchauffeur de carburant
fuel icing
le givrage du carburant
fuel injection
l'injection carburant *(f)*
fuel jettison
le largage carburant, la vidange en vol
de carburant
fuel leak
la fuite de carburant
fuel load
le carburant embarqué
fuel low pressure warning light
l'alarme de baisse de pression carburant
(f)
fuel management system
le système de gestion de carburant
fuel pressure gauge
le manomètre de carburant
fuel pump
la pompe à carburant
fuel reserve
la réserve de carburant

fuel starvation
la panne d'alimentation en carburant, la
panne sèche
fuel system
le circuit carburant
fuel tank
le réservoir de carburant
fuel transfer
le transfert de carburant
fuel/air ratio
le rapport carburant/air
fuelling point
le poste d'avitaillement
fulcrum
le point d'appui
fumes
les fumées *(fpl)*, les émanations *(fpl)*
fuse
le fusible
fuse (blown —)
le fusible sauté
fuse (proximity —)
la fusée de proximité
fuse *(v)*
faire sauter
fuse box
la boîte à fusibles
fuse wire
le fusible
fuselage
le fuselage
fuselage (lengthened —)
le fuselage allongé
fuselage (shortened —)
le fuselage raccourci
fuselage (stretched —)
le fuselage allongé
fuselage (twin —)
le fuselage bi-poutre

G

'g'
la gravité, l'accélération (f)

'g' (negative —)
le 'g' négatif

'g' (positive —)
le 'g' positif

'g' (zero —)
l'accélération nulle (f)

'g' loading
le facteur de charge

'g' meter
l'accéléromètre (m)

'g' seat
le 'g' siège, le gravi-siège

'g' suit
la combinaison anti-'g'

gain
le gain

gale
le vent violent

gale warning
l'avis de coup de vent (m)

gallon
le gallon

gap
la trouée

gas
le gaz

gas generator
le générateur de gaz

gaseous
gazeux

gasket
le joint d'étanchéité, la rondelle joint

gasoline (aviation —)
l'essence aviation (f)

gauge
la jauge

generator
la génératrice

generator (AC —)
l'alternateur (m)

generator (DC —)
la génératrice à courant continu

generator (wind-driven —)
la génératrice à moulinet

geostrophic

géostrophique

gill
le volet de capot

gill (cooling —)
l'ouïe de refroidissement (f)

gimbal
le cardan

gimbal (v)
monter à la cardan

gimbal system
le système de suspension à la cardan

give way to (v)
céder la passage à

glacier
le glacier

glass fibre
la fibre de verre

glide
le vol plané

glide (v)
planer

glidepath
la trajectoire de descente, l'alignement de descente (m)

glidepath transmitter
le radiophare d'alignement de descente

glider
le planeur

glider (hang —)
l'aile delta (f), l'aile volante (f), le deltaplane

glider (motorised —)
le planeur motorisé, le motoplaneur

glider launching site
l'aire de lancement des planeurs (f)

glider pilot
le/la vélivole

glider tug
le remorqueur planeur

glideslope
la pente de descente, la pente d'approche, le radioalignement de descente

glideslope beam
le faisceau glide, le faisceau d'approche

gliding
le vol plané, le vol à voile

gliding (hang —)

le vol libre
gliding angle
 l'angle de plané *(m)*
gliding distance
 la distance de plané
gliding speed
 la vitesse de plané
global positioning system GPS
 le système GPS
globule
 le globule
go-around
 la remise des gaz
go-around *(v)*
 remettre les gaz
go by *(v)*
 passer par
go via *(v)*
 passer par
goggles
 les lunettes protectrices *(fpl)*
gooseneck
 le col de cygne
governor
 le limiteur, le régulateur
grade
 le grade
gradient
 le gradient
graduate *(v)*
 graduer
graduation
 la graduation
grass cutting
 le fauchage
grass strip
 la bande gazonnée
graticule
 le réticule
gravity
 la gravité, la pesanteur
gravity (field of —)
 le champ de pesanteur
gravity (specific)
 la densité
gravity feed
 l'alimentation en charge *(f)*
gravity tank

le réservoir en charge
grease
 la graisse
grease gun
 le graisseur à pression
grease nipple
 le graisseur
grid ring
 l'œilleton de visée *(m)*
ground
 le sol, le terrain
ground (high —)
 le terrain élevé
ground *(v)*
 immobiliser au sol
ground collision avoidance system GCAS
 le système d'anti-collision avec le sol GCAS
ground controller
 le contrôleur au sol
ground effect
 l'effet de sol *(m)*
ground equipment
 le matériel au sol, les servitudes au sol *(fpl)*
ground level
 le niveau du sol
ground level (above —) AGL
 au-dessus du sol
ground proximity warning system GPWS
 le système d'anti-collision avec le sol GPW
ground return
 l'écho au sol *(m)*
ground run
 le point fixe (engine), le roulement au sol
ground services
 les services au sol *(mpl)*
ground/flight switch
 le sélecteur sol/vol
grounding
 l'immobilisation *(f)*
groundspeed
 la vitesse sol
gudgeon pin
 l'axe de piston *(m)*, la goupille

guidance
le guidage
gun
le canon
gun (machine —)
la mitrailleuse
gun bay
la soute canon
gun pack
le châssis canon, le conteneur canon
gunsight
le collimateur, le viseur
gust
la rafale, la bourrasque
gust *(v)*
souffler en bourrasque
gust alleviation
l'atténuation de l'effet des rafales de
vent *(f)*
gust load
la charge en rafale
gusting up to
avec des rafales jusqu'à
gyro
le gyro
gyro (directional —)
le gyro directionnel
gyro (earth —)
le gyro fixe par rapport à la terre
gyro (fibre optics —)

le gyro fibre optique
gyro (laser —)
le gyrolaser, le gyromètre laser
gyro (master reference —)
la centrale gyroscopique
gyro (pitch —)
le gyro d'assiette
gyro (rate —)
le gyromètre
gyro (ring laser —)
le gyromètre laser annulaire
gyro (space —)
le gyro fixe par rapport à l'espace
absolu
gyro (tied —)
le gyromètre
gyro caging
le blocage des gyros
gyro instruments
les instruments gyroscopiques *(mpl)*
gyro resetting
le recalage des gyros
gyro stabilised
gyrostabilisé
gyroplane
l'autogire *(m)*
gyroscope
le gyroscope
gyroscopic
gyroscopique

H

hachure
la hachure
hail
la grêle
hail (fine —)
le grésil
hail (soft —)
le grésil
hail *(v) (impers.)*
grêler
hail shower
l'averse de grêle *(f)*
hailstone
le grêlon
hailstorm
l'orage de grêle *(m)*
halfshaft
le demi-arbre
halo
le halo
handle (pull —)
la tirette
handle *(v)*
manier
handling
la maniabilité
handling (ground —)
la manœuvre au sol
handling charges
les frais de manutention *(mpl)*
handling qualities
la maniabilité
hangar
le hangar
hangarage
l'abri *(m)*
hardstanding
la surface dure
hardware
le matériel
harmonisation
l'harmonisation *(f)*
harness
le harnais, la ceinture de sécurité
harness (shoulder —)
les bretelles *(fpl)*
haze

la brume sèche
haze (heat —)
la brume de chaleur
haze (smoke —)
la brume de fumée
hazy
brumeux
head-on
de front
head-up display
le collimateur de pilotage, le collimateur
tête haute
heading
le cap
heading (inbound —)
le cap retour, le cap vers la station, le
cap de rapprochement
heading (magnetic —)
le cap magnétique
heading (maintain a —) *(v)*
tenir un cap, conserver un cap
heading (outbound —)
le cap d'éloignement
heading (reciprocal —)
le cap inverse
heading (set —) *(v)*
prendre un cap
heading (take up a —) *(v)*
prendre un cap
heading (true —)
le cap vrai
heading control
le contrôleur de route
heading pointer
le repère de cap à tenir
headphone
l'écouteur *(m)*
headrest
l'appui-tête *(m)*
headset
le casque d'écoute, l'écouteur *(m)*
headwind
le vent debout, le vent de face
heat
la chaleur
heat (latent —)
la chaleur latente
heat (specific —)

la chaleur spécifique

heat exchanger
l'échangeur de chaleur *(m)*

heat shield
le bouclier thermique

heating
l'échauffement *(m)* (earth), le chauffage

heating (adiabatic —)
l'échauffement adiabatique *(m)*

heating (kinetic —)
l'échauffement cinétique *(m)*

heating (solar —)
l'échauffement solaire *(m)*

heating (surface —)
l'échauffement terrestre *(m)*

hedge hopping
le vol en rase-mottes

height
la hauteur, l'élévation *(f)*

height (break off —)
la hauteur minimum de sécurité d'approche

height (critical —)
la hauteur critique

height (decision —)
la hauteur de décision

height (difference in —)
le dénivelé

height (difference in —)
la dénivelée (between aircraft and target)

height (gain —) *(v)*
prendre de l'altitude

height (loss of —)
la perte d'altitude

height (maximum operating —)
l'altitude maximum en exploitation *(f)*

height (minimum loss of —)
la perte minimale d'altitude

height (safety —)
l'altitude de sécurité *(f)*

height (spot —)
la cote

helical
hélicoïdal

helicopter
l'hélicoptère *(m)*

helicopter (anti-tank —)
l'hélicoptère anti-char *(m)*

helicopter (tow by —) *(v)*
hélitracter

helicopter carrier
le porte-hélicoptères

helicopter landing area
l'hélistation *(f)*, l'hélisurface, *(f)*, la plate-forme pour hélicoptères

helicopter manufacturer
l'hélicoptériste *(m)*

heliport
l'hélistation *(f)*

helium
l'hélium *(m)*

helmet
le casque

helmet sight
le viseur de casque

hemisphere
l'hémisphère *(m)*

hemisphere (northern —)
l'hémisphère nord *(m)*, l'hémisphère boréal *(m)*

hemisphere (southern —)
l'hémisphère sud *(m)*, l'hémisphère austral *(m)*

hexagonal
hexagonal

high
haut, élevé

hijack *(v)*
détourner par la force

hijacker
le pirate de l'air

hijacking
le détournement

hill
la colline

hill shading
le modelé

hinge
la charnière

hinge line
l'axe de charnière *(m)*

hinge moment
le moment de charnière

hire *(v)*
louer, prendre en location

hiring

la location

hold
l'attente (f)

holding pattern
le circuit d'attente

holding point
le point d'attente

hologram
l'hologramme (m)

holographic
holographique

holography
l'holographie (f)

home (v)
rallier, se diriger vers

homer
le goniomètre

homing
le radioralliement, le ralliement
(shortened version of above)

homogeneous
homogène

homogeneousness
l'homogénéité (f)

honeycomb
le nid d'abeille

hood
la capote

hood (under the —)
sous capote

hopper
la trémie (agricultural aircraft)

horizon
l'horizon (m)

horizon (artificial —)
l'horizon artificiel (m)

horizon (natural —)
l'horizon naturel (m)

horizon bar
la barre d'horizon

horizontal
horizontal

horizontal equivalent
l'équivalent horizontal (m)

horizontal motion
le déplacement horizontal, le mouvement
horizontal

horizontal plane

le plan horizontal

horizontal situation indicator
l'indicateur de situation horizontale (m)

horizontal stabiliser
le plan fixe horizontal

horn
le klaxon (warning), la corne de
gouverne

horsepower HP
le cheval-vapeur CV

horsepower (brake —) BHP
la puissance au frein

horsepower (shaft —) SHP
la puissance sur arbre

hostess (air —)
l'hôtesse de l'air (f)

hostile
hostile

hot
très chaud

housing
le boîtier

hover (v)
planer

hover taxi (v)
suivre le cheminement, survoler le
cheminement

hovercraft
l'aéroglisseur (m)

hovering
le vol stationnaire, le vol au point fixe

hub
le moyeu

hub
la plaque-tournante (airport)

hull
la coque

human factors
les facteurs humains (mpl)

humidity
l'humidité (f)

humidity (absolute —)
l'humidité absolue (f)

humidity (relative —)
l'humidité relative (f)

hunt (v)
osciller

hunting

l'oscillation longitudinale *(f)*,
l'oscillation de traînée *(f)* (helicopter)
hurricane
l'ouragan *(m)*
hydraulic
hydraulique
hydraulic accumulator
l'accumulateur hydraulique *(m)*
hydraulic actuator
le vérin hydraulique
hydraulic header tank
la bâche hydraulique, le réservoir
hydraulique
hydraulic lock
le verrouillage hydraulique
hydraulic oil
l'huile pour circuits hydrauliques *(f)*
hydraulic pressure
la pression hydraulique
hydraulic pump
la pompe hydraulique
hydraulic system

le circuit hydraulique, le système
hydraulique
hydrogen
l'hydrogène *(m)*
hydrography
l'hydrographie *(f)*
hygroscopic nuclei
les particules hygroscopiques *(fpl)*
hyperbolic
hyperbolique
hypersonic
hypersonique
hypersonics
l'hypersonique *(f)*
hyperventilation
l'hyperventilation *(f)*
hypoxia
l'hypoxie *(f)*
hypsometric tint
la teinte hypsométrique
hysteresis
l'hystérésis *(f)*, l'hystérèse *(f)*

I

ice
 la glace

ice (clear —)
 le givre dur

ice (dry —)
 la neige carbonique, la glace carbonique

ice (glaze —)
 le verglas, la glace claire

ice (opaque rime —)
 le givre mou

ice (rain —)
 le verglas

ice (rime —)
 le givre mou

ice (translucent rime —)
 le givre dur

ice accretion
 l'accumulation de glace (f), la captation
 de glace

ice age
 la période glaciaire

ice crystal
 le cristal de glace

ice deposit
 le dépôt de glace

ice detector
 le détecteur de givrage

iceberg
 l'iceberg (m)

iceflow
 la banquise

icing
 le givrage

icing (airframe)
 le givrage de cellule

icing (engine —)
 le givrage de moteur

icing (impact —)
 le givrage d'impact

icing (light —)
 le givrage faible

icing (moderate —)
 le givrage modéré

icing (severe —)
 le givrage fort

icing index
 l'index de givrage (m)

identification
 l'identification (f), le repérage

identify (v)
 identifier

idle (flight —)
 le ralenti de vol

idle (ground —)
 le ralenti au sol

idle (v)
 ralentir

idle stop
 la butée ralenti

ignition
 l'allumage (m)

ignition (electronic —)
 l'allumage électronique (m)

ignition (pre —)
 l'auto-allumage (m)

ignition harness
 la rampe d'allumage

ignition key
 la clef de contact, la clé de contact

ignition switch
 l'interrupteur d'allumage (m), le
 commutateur d'allumage

illuminate (v)
 illuminer

imbalance
 le balourd, le déséquilibre

immediate
 immédiat

immigration
 l'immigration (f)

impedance
 l'impédance (f)

impeller
 la roue à aubes, la roue de compresseur

improve (v)
 s'améliorer (weather)

improvement
 l'amélioration (f)

impulse
 l'impulsion (f), le top

impurity
 l'impureté (f)

inboard
 intérieur, interne

inbound

en rapprochement, en approche
incidence
  l'incidence *(f)*
incidence (angle of —)
  l'angle d'incidence *(m)*
incidence (high —)
  la grande incidence
incompressible
  incompressible
increase
  l'augmentation *(f)*
increase *(v)*
  augmenter
indicate *(v)*
  indiquer
indication
  l'indication *(f)*
indicator
  l'indicateur *(m)*
induce *(v)*
  donner naissance à, amorcer, induire
inductance
  l'inductance *(f)*
induction
  l'induction *(f)*
inertia
  l'inertie *(f)*
inertia (moment of —)
  le moment d'inertie
inertia cross coupling
  le couplage inertiel
inertial guidance
  le guidage inertiel
inertial navigation system
  le système de navigation à inertie
inertial platform
  la plate-forme inertielle
inference (general —)
  la prévision générale
inflatable
  gonflable
inflate *(v)*
  gonfler
inflation
  le gonflage
inflation pressure
  la pression de gonflage
inform *(v)*

informer
information
  l'information *(f)*
information circular (aeronautical —)
  la circulaire d'information aéronautique
information technology
  l'informatique *(f)*
infra-red
  infra-rouge
infra-red (forward looking —FLIR)
  le système IR à balayage frontal, la
  caméra thermique, la caméra d'imagerie
  thermique à balayage frontal
infra-red imaging system
  le système IIS
infringe *(v)*
  enfreindre, contrevenir à
infringement
  l'infraction *(f)*, la contravention
ingest *(v)*
  ingérer
ingestion
  l'ingestion *(f)*
ingestion (water —)
  l'ingestion d'eau *(f)*
inhibit *(v)*
  stocker
inhibiting
  le stockage
injection
  l'injection *(f)*
injector
  l'injecteur *(m)*
inland
  intérieur *(adj.)*, à l'intérieur *(adv.)*
inner
  intérieur
inoperative
  inopérant, en panne (shut down because
  of a defect)
input
  l'entrée *(f)*
inspect *(v)*
  inspecter, vérifier
inspection
  la visite
inspection (daily —)
  la visite journalière

English to French   59

inspection (major —)
la grande visite

inspection (post-flight —)
la visite après le vol

inspection (pre-flight —)
la visite avant le vol

inspection (routine —)
la visite périodique

inspection (visual —)
le contrôle visuel

inspection door
la porte de visite

inspection panel
le panneau de visite

instability
l'instabilité *(f)*

instability (oscillatory —)
l'instabilité oscillatoire *(f)*

instability (spiral —)
l'instabilité spirale *(f)*

install *(v)*
avionner (the engine to the airframe)

installation
l'installation *(f)*, l'avionnage *(m)* (of the engine to the airframe)

instruct *(v)*
instruire

instruction
l'instruction *(f)*

instructor
le moniteur, la monitrice, l'instructeur *(m)*

instructor (assistant —)
le moniteur adjoint, l'instructeur adjoint *(m)*

instructor (chief —)
le chef-moniteur

instructor (qualified —)
l'instructeur qualifié *(m)*

instrument
l'instrument *(m)*

instrument (static —)
l'instrument statique *(m)*

instrument *(v)*
instrumenter

instrument departure (standard —) SID
le départ normalisé aux instruments

instrument error
l'erreur instrumentale *(f)*

instrument flight (change to —)
le passage au vol aux instruments

instrument flight IF
le vol aux instruments, le vol sans visibilité VSV

instrument flight rules IFR
les règles de vol aux instruments *(fpl)*, le régime de vol aux instruments

instrument landing system ILS
le système d'atterrissage aux instruments

instrument meteorological conditions IMC
les conditions météorologiques de vol aux instruments *(fpl)*

instrument panel
le tableau de bord, la planche de bord

instrument rating
la qualification de vol aux instruments

instrumentation
l'instrumentation *(f)*

instruments (flight —)
les instruments de vol *(mpl)*, les instruments de bord *(mpl)*

instruments (flight on —)
le vol aux instruments

insulate *(v)*
isoler

insulation
l'isolement *(m)*

intake
l'admission *(f)*, l'entrée *(f)* (jet engine)

intake (variable geometry —)
l'entrée d'air variable *(f)*

integrate *(v)*
intégrer

intense
intense

intensify *(v)*
augmenter

intention
l'intention *(f)*

interaction
l'interaction *(f)*

intercept *(v)*
intercepter, capter (beam)

interception
l'interception *(f)*
interceptor
l'intercepteur *(m)*
intercommunication
l'interphone *(m)*, le téléphone de bord
interconnect *(v)*
interconnecter
interconnection
l'interconnexion *(f)*
interdiction
l'interdiction aérienne *(f)*
interface
l'interface *(f)*
interface (man/machine —)
l'interface homme/machine *(f)*
interfere *(v)*
interférer
interference
l'interférence *(f)*, les parasites *(mpl)*, le
brouillage, l'interaction *(f)*
interlock
l'enclenchement *(m)*, le verrouillage
interlock *(v)*
enclencher, verrouiller
intermittent
intermittent
**International Civil Aviation
Organisation ICAO**
l'Organisation de l'Aviation Civile
Internationale *(f)* OACI
**International Convention of Air
Navigation ICAN**
La Commission Internationale de la
Navigation Aérienne CINA
international date line
le méridien de changement de date
interpolate *(v)*
interpoler
interpolation
l'interpolation *(f)*
interrogate *(v)*
interroger
interrupt *(v)*
interrompre, couper
interruption

l'interruption *(f)*
intersection
l'intersection *(f)*
intruder
l'intrus *(m)*
inversely
inversement
inversion
l'inversion *(f)*
inverter
le convertisseur, la commutatrice,
l'onduleur *(m)*, l'inverseur *(m)*
inverter (standby —)
le convertisseur de secours
inverter (static —)
le convertisseur statique
investigate *(v)*
examiner
investigation
l'examen *(m)*, l'investigation *(f)*
ionisation
l'ionisation *(f)*
ionised layer
la couche ionisée
ionosphere
l'ionosphère *(f)*
isallobar
l'isallobare *(f)*
isentropic
isentropique
isobar
l'isobare *(f)*
isobaric
isobarique
isoclinal
l'isoclinal *(m)*
isogonal
la ligne isogone
isolate *(v)*
isoler
isopleth
la ligne isoplèthe
isotherm
l'isotherme *(f)*
isotherm (0° —)
l'isotherme zéro degré *(f)*

isothermal	**isothermic**
isotherme	isothermique

J

jack
le vérin

jack (screw —)
le vérin à vis

jack *(v)*
mettre sur vérin

jacking
la mise sur verin

jacking point
le point de levage

jam *(v)*
brouiller

jammer
le brouilleur

jamming
le brouillage

jet
le jet

jet efflux
le flux réacteur

jet pipe
la tuyère d'échappement

jet pipe temperature
la température tuyère

jet propulsion
la propulsion à réaction, la propulsion à réacteur

jet wash
le jet de réacteur

jetstream
le jetstream, le jet, le courant jet

jettison *(v)*
délester, larguer

jettison handle
la poignée de largage

jettisoning
le délestage, le largage

jig
le bâti

join *(v)*
rejoindre

joint (universal —)
le joint de cardan

junction box
la boîte de jonction, la boîte de dérivation

jungle
la jungle

K

katabatic
catabatique

keep *(v)*
garder, se tenir

kerosene
le kérosène

key
la touche

keyboard
le clavier

kilocycle,
le kilocycle

kilogramme
le kilogramme

kilohertz
le kilohertz

kilometre
le kilomètre

kilometres per hour
les kilomètres-heure *(mpl)*

kiloton
la kilotonne

kilovolt
le kilovolt

kilovolt-ampere
le kilovolt-ampère

kilowatt
le kilowatt

kinetic
cinétique

kit
le lot

kit (repair —)
le lot de réparation

kit (survival —)
l'équipement de survie *(m)*

kit (tool —)
la boîte à outils

kite
le cerf-volant

klaxon
le klaxon

knob
le bouton

knob (set heading —)
le bouton de sélection de cap

knot
le nœud

L

labyrinth seal
 le joint labyrinthe

lag
 le retard

lake
 le lac

laminar
 laminaire

lamp (signal —)
 le projecteur de signalisation, la lampe
 de signalisation

land
 la terre

land *(v)*
 atterrir

land as soon as possible *(v)*
 se poser le plus rapidement possible

land based
 basé à terre

land line
 la ligne terrestre

land on a carrier deck *(v)*
 apponter

landing
 l'atterrissage *(m)*

landing (balloon on —) *(v)*
 rebondir à l'atterrissage

landing (baulked —)
 l'atterrissage manqué *(m)*

landing (blind —)
 l'atterrissage aveugle *(m)*

landing (crash —)
 l'atterrissage en catastrophe *(m)*

landing (crosswind —)
 l'atterrissage vent de travers *(m)*

landing (deadstick —)
 l'atterrissage moteur coupé *(m)*

landing (downwind —)
 l'atterrissage par vent arrière *(m)*

landing (emergency —)
 l'atterrissage en détresse *(m)*,
 l'atterrissage d'urgence *(m)*

landing (engine-out —)
 l'atterrissage moteur coupé *(m)*

landing (flapless —)
 l'atterrissage sans volets *(m)*

landing (forced —)
 l'atterrissage forcé *(m)*

landing (fullstop —)
 l'atterrissage complet *(m)*

landing (glide —)
 l'atterrissage moteur coupé *(m)*,
 l'atterrissage moteur réduit *(m)*

landing (heavy —)
 l'atterrissage brutal *(m)*, l'atterrissage
 dur *(m)*

landing (power-off —)
 l'atterrissage moteur coupé *(m)*

landing (precautionary —)
 l'atterrissage hors aérodrome *(m)*,
 l'atterrissage de précaution *(m)*

landing (short —)
 l'atterrissage court *(m)*

landing (single-engine —)
 l'atterrissage en monomoteur *(m)*

landing (spot —)
 l'atterrissage de précision *(m)*

landing (three-point —)
 l'atterrissage en trois points *(m)*

landing (touch-and-go —)
 l'atterrissage posé/décollé *(m)*

landing (wheels-up —)
 l'atterrissage train rentré *(m)*

landing configuration
 la configuration d'atterrissage

landing distance
 la longueur d'atterrissage, la distance
 d'atterrissage, la distance à
 l'atterrissage, la distance de roulement à
 l'atterrissage

landing distance available
 la distance d'atterrissage disponible

landing fees
 la taxe atterrissage, les redevances
 d'atterrissage *(fpl)*

landing flap(s)
 les volets d'atterrissage *(mpl)*

landing prohibited
 l'atterrissage interdit *(m)*

landing run
 la longueur de roulement à l'atterrissage

landing strip
 la bande d'atterrissage

landing T
 le Té d'atterrissage

landmark
le point de repère

lapse rate
le gradient thermique vertical

lapse rate (dry adiabatic —) DALR
le gradient adiabatique sec

lapse rate (saturated adiabatic —)
SALR
le gradient adiabatique saturé

large
grand

laser
le laser

laser guidance
le guidage laser

lateral
latéral

latitude
la latitude

latitude nut
le balourd

latitudes (Horse —)
les calmes subtropicaux *(mpl)*

launch *(v)*
lancer

launching
le lancement

layer
la couche

layer (thin —)
la pellicule

layered
en couches

layers (lower —)
les couches inférieures *(fpl)*, les basses couches *(fpl)*

lazy eight
le huit paresseux

leading edge
le bord d'attaque

leading edge (droop —)
le bec basculant

leading edge slat
le bec de bord d'attaque

leak
la fuite

leak rate
le débit de fuite

lease *(v)*
louer à bail

lease (dry —)
la location sans équipage

lease (wet —)
la location avec équipage

leasing
la location

leave *(v)*
quitter

lee
le côté sous le vent

leeward
sous le vent

left
la gauche

left hand
à (main) gauche

leg
la branche, l'étape *(f)*, la jambe (undercarriage), le tronçon (navigation)

leg (base —)
l'étape de base *(f)*

leg (crosswind —)
la branche vent de travers

leg (dog —)
le coude

leg (downwind —)
la branche vent arrière

leg (upwind —)
la branche vent debout

length
la longueur

length (overall —)
la longueur hors-tout, la longueur totale

lenticular
lenticulaire

let *(v)*
laisser

letdown
la descente, la percée (through cloud)

letdown *(v)*
descendre

letdown aid
l'aide à la percée *(f)*

level
le niveau

level (flight —)
le niveau de vol
level (low —)
la basse altitude
level off/out *(v)*
mettre en palier, stabiliser
lever
la manette
licence
le brevet, la licence
licence (airline transport pilot's —)
ATPL
la licence de pilote de ligne
licence (private pilot's —) PPL
la licence de pilote privé
licence (student —)
la carte de stagiaire
licence (under —)
sous licence
life jacket
le gilet de sauvetage
life raft
le canot de sauvetage, le radeau de
sauvetage
life support system
le système de support-vie
lift
la portance, la sustentation
lift (coefficient of —)
le coefficient de portance
lift (negative —)
la portance négative
lift (zero —)
la portance nulle
lift *(v)*
se lever, se dissiper (fog)
lift argumentation
l'hypersustentation *(f)*
lift device (high —)
le dispositif hypersustentateur
lift dumper
le déporteur
lift/drag ratio
la finesse aérodynamique
lifting surface
la surface portante
light
la lumière (general), le feu, le phare, le

voyant (warning light)
light *(adj.)*
léger, faible
light (aeronautical —)
le feu aéronautique
light (air navigation —)
le phare aéronautique
light (anti-collision —)
le feu anti-collision
light (boundary —)
le feu de délimitation
light (exit —)
le feu d'issue
light (flashing —)
le feu à éclats, le feu clignotant, l'éclat
(m)
light (green —)
le feu vert
light (ground —)
le feu aéronautique au sol
light (identification —)
le phare d'identification
light (landing —)
le phare d'atterrissage, le feu
d'atterrissage
light (lead-in —)
le balisage d'approche
light (map —)
la lampe de lecture de la carte
light (marine —)
le feu marin
light (navigation —)
le feu de navigation
light (obstruction —)
le feu d'obstacle
light (occulting —)
le feu à occultations, le feu à éclipses
light (position —)
le feu de position
light (red —)
le feu rouge
light (runway —)
le balisage piste, la rampe de balisage
light (steady —)
le feu continu, le feu fixe
light (strobe —)
le feu à éclats blancs
light (tail —)

le feu arrière

light (threshold —)
le feu de seuil

light up *(v)*
allumer

lighted
éclairé

lighthouse
le phare

lighting
l'éclairage *(m)*

lighting (airfield —)
le balisage d'aérodrome

lighting (emergency —)
l'éclairage de secours *(m)*

lighting (ground —)
le balisage sol

lighting (instrument —)
l'éclairage tableau de bord *(m)*

lighting (taxiway —)
le balisage chemin de roulement *(m)*

lightning
l'éclair *(m)*

lightning (flash of —)
l'éclat *(m)*, la foudre

lightning strike
le foudroiement

lightship
le bateau-phare

limit
la limite

limit *(v)*
limiter

limitation
la limitation

line (in —)
en ligne

line (return —)
la ligne de renvoi

line of sight
la portée optique

line-up *(v)*
s'aligner

line-up and hold *(v)*
s'aligner et maintenir (cette position)

linear
linéaire

link trainer

l'entraîneur au vol *(m)*

linkage
la tringlerie

linkage (mechanical —)
la liaison mécanique

liquid
le liquide

litre
le litre

live (electrical)
sous tension

load (shock —)
la charge d'impact

load classification number LCN
le poids par roue seule isolée p/rsi

load factor
le facteur de charge

load shedding
le délestage

load sheet
la fiche de pesée, l'état de charge *(m)*

loaded (spring —)
à ressort

loading
le chargement

localiser
le radioralliement de piste, le radiophare
d'alignement de piste, le localizer

localiser beam
le faisceau localizer

locate *(v)*
repérer

location
la position

lock
le verrouillage

lock (ground —)
le blocage des gouvernes

lock (wire —) *(v)*
freiner à fil

lock *(v)*
verrouiller, bloquer

locking
le verrouillage, le blocage

locking (self —)
auto-freiné

locking wire
le fil-frein

locknut
l'écrou-frein *(m)*, l'écrou de blocage *(m)*
log
le carnet de bord
log *(v)*
inscrire au carnet de bord, inscrire sur le carnet de bord
logbook
le carnet de vol, le livret de pilotage
longeron
le longeron
longitude
la longitude
longitudinal
longitudinal
look up/look down
l'observation vers le haut et vers le bas *(f)*
lookout
la surveillance extérieure
lookout *(v)*
jeter un œil, jeter un coup d'œil dehors
lookout (keep a good —) *(v)*
surveiller le ciel, inspecter le ciel, s'assurer que le ciel est vide
loop
la boucle, le looping normal
loop (ground —)
le cheval de bois
loop (inverted —)
le looping inversé
loop the loop *(v)*
boucler la boucle
loose (work —) *(v)*
se desserrer
loose articles
les objets non arrimés *(mpl)*
loosen *(v)*

desserrer
lost procedure
la conduite à tenir lorsqu'on est perdu
louvre
l'auvent *(m)*
low
bas
lower (adj.)
inférieur
lower *(v)*
sortir (gear, flaps)
lowering
la sortie (gear, flaps), la baisse(temperature)
lubber line
la ligne de foi
lubricate *(v)*
lubrifier
lubricating (self —)
auto-lubrifiant
lubrication
la lubrification, le graissage
lubrication system
le circuit de graissage
lug
l'ergot *(m)*
luggage
les bagages *(mpl)*
luggage locker
le casier à bagages
luggage rack
le porte-bagages, le casier à bagages
lull
l'accalmie *(f)*
luminescent
luminescent
luminosity
la luminosité

M

Mach number
le nombre de Mach

Mach number (critical —)
le nombre de Mach critique

Mach number (maximum operating)
la vitesse de Mach maximale
d'utilisation

Mach trim
le compensateur de Mach, le trim de
Mach

machmeter
le machmètre

machmeter (audible —)
l'avertisseur de Mach *(m)*

machmeter/airspeed indicator
l'anémo-machmètre *(m)*

Mae West
le gilet gonflable, le gilet de sauvetage

magnet
l'aimant *(m)*

magnet (permanent —)
l'aimant permanent *(m)*

magnetic
magnétique

magnetic anomaly detector MAD
le détecteur d'anomalies magnétiques

magnetic clutch
l'embrayage à poudre *(m)*

magnetic equator
l'équateur magnétique *(m)*

magnetic field
le champ magnétique

magnetic field (earth's —)
le champ magnétique terrestre

magnetic meridian
le méridien magnétique

magnetic north
le Nord magnétique

magnetic pole
le pôle magnétique

magnetise *(v)*
aimanter

magnetism
le magnétisme

magneto
la magnéto

magnitude

la grandeur, l'amplitude *(f)*, l'intensité *(f)*

main
principal

maintain *(v)*
maintenir

maintainability
la maintenabilité

maintenance
la maintenance, l'entretien *(m)*

maintenance schedule
le programme de maintenance

malfunction
la mauvaise fonction, le mauvais
fonctionnement

man hours
les heures de travail *(fpl)*

mandatory
obligatoire

manifest
le manifeste

manifold
le collecteur

manifold (exhaust —)
le collecteur d'échappement

manifold (induction —)
le collecteur d'admission

manifold (inlet —)
le collecteur d'admission

manifold pressure
la pression d'admission

manoeuvrability
la manœuvrabilité, la maniabilité

manoeuvrable
maniable, manœuvrable

manoeuvre
la manœuvre

manoeuvre *(v)*
manœuvrer

manoeuvre margin
la marge de manœuvre

manoeuvring area
l'aire de manœuvre *(f)*

manual (aircrew —)
le manuel de vol

manual (instruction —)
le manuel d'instruction

manual (maintenance —)
le manuel d'entretien

manual (operating —)
le manuel d'emploi, le manuel
d'utilisation
manually
manuellement
manufacture
la fabrication, la construction, la
réalisation
manufacture (v)
fabriquer
manufacturer
le fabricant
map
la carte
map display
l'écran cartographique (m)
map display (moving —)
le dérouleur de carte
map reading
la lecture de la carte
margin
la marge
margin (manoeuvre —)
la marge de manœuvre
margin (static —)
la marge statique
maritime
maritime
maritime surveillance
la surveillance maritime
marker
la radioborne, la radiobalise, le marker
marker (boundary —)
la radiobalise de délimitation
marker (fan —)
la radioborne en éventail
marker (inner —) IM
la radioborne intérieure, la radiobalise
intérieure
marker (middle —) MM
la balise médiane, la radioborne
intermédiaire, la radiobalise
intermédiaire
marker (outer —) OM
la balise extérieure, la radioborne
extérieure, la radiobalise extérieure
marker (strobe —)
le créneau

marker receiver
!e récepteur de balise
marking
le marquage
marking out
le balisage
marshal (v)
placer
marshaller
le signaleur, le placeur
marshalling
le placement
marshalling signal
le signal de circulation au sol
mask (oxygen —)
le masque à oxygène
mask (shadow —)
le masque à ombre
mass
la masse
mass (per unit of —)
la massique
mass balance weight
la masse d'équilibrage
mass flow
le débit massique
mathematical modelling
la modélisation mathématique
matrix
la matrice
maxaret
le maxaret
maxaret anti-skid device
le dispositif anti-dérapant maxaret
maximum
le maximum
maximum (adj.)
maximum, maximal
mean
la moyenne
mean (adj.)
moyen
measure (v)
mesurer
measurement
la mesure
mechanic
le mécanicien

mechanic (airframe —)
le mécanicien cellule
mechanic (engine —)
le mécanicien moteur
mechanical
mécanique
mechanical (up against the — stop)
en butée
mechanical failure
la défaillance mécanique
mechanical stop
la butée mécanique
mechanism
le mécanisme
medical examination
l'examen médical *(m)*
medicine (aviation —)
la médecine aéronautique
medium
moyen
megacycle
le mégacycle
megahertz
le mégahertz
melt *(v)*
fondre
melting
la fonte
melting point
le point de fusion
memory
la mémoire
memory (magnetic bubble —)
la mémoire à bulles magnétiques MBM
memory (random access —)
la mémoire vive MEV
memory (read only —) ROM
la mémoire morte MEM
mercury
le mercure
mercury (inch of —)
le pouce de mercure
mercury switch
l'interrupteur à mercure *(m)*
meridian
le méridien
meridian (Greenwich —)
le méridien de Greenwich

meridian (prime —)
le premier méridien, le méridien
d'origine
message
le message
message in clear
le message en l'air
met. forecast
les prévisions météorologiques *(fpl)*
Met. Office
l'Office National Météorologique *(m)*
ONM
meteorological
météorologique
meteorologist
le/la météorologue, le/la météorologiste
meteorology
la météorologie
meter *(v)*
doser
metering
le dosage
metering pump
la pompe doseuse
methanol
le méthanol
micro computer
le micro-ordinateur
micro electronics
la microélectronique
microammeter
le microampèremètre
microchip
la puce, la pastille de silicium
microlight
l'avion ultra léger motorisé *(m)* ULM
microphone (mike)
le microphone, le micro
microphone (carbon —)
le microphone à carbone
microprocessor
le microprocesseur
microswitch
le micro-contact, le microrupteur, le
minirupteur
microwave
l'onde micrométrique *(f)*, la micro-onde
microwave landing system MLS

le système d'atterrissage à hyperfréquences, le système d'atterrissage à micro-ondes à trajectoires multiples (SATRAM), le système de guidage par micro-ondes à l'atterrissage

mile
le mille

mile (nautical —)
le mille nautique, le mille marin

mile (statute —)
le mille terrestre

miles per hour mph
les milles à l'heure *(mpl)*

military
militaire

millibar
le millibar

milling machine
la fraiseuse

mini computer
le mini-ordinateur

miniature detonating cord MDC
le cordeau détonant miniature

miniaturisation
la miniaturisation

minima
les minima *(mpl)*

minima (operating —)
les minima opérationnels *(mpl)*

minima (separation —)
les minima de séparation *(mpl)*

minimum
le minimum

minimum *(adj.)*
minimum

minor
mineur

minute
la minute

mirror
le miroir

mirror (rear view —)
le rétroviseur

mirror (signalling —)
le miroir de signalisation

misalignment
le désalignement, le désaccord

misfire
le raté d'allumage

misfire *(v)*
avoir des ratés

mishandle *(v)*
faire des erreurs de manœuvre

mishandling
l'erreur de manœuvre *(f)*

miss *(v)*
manquer

missile
le missile

missile (air-to-ground —)
le missile air-sol, l'engin air-sol *(m)*

missile (air-to-air —)
le missile air-air, l'engin air-air *(m)*

missile (anti-ship —)
le missile anti-navire

missile (anti-tank —)
le missile anti-char

missile (beyond visual range —)
le missile BVR

missile ('fire and forget' —)
le missile 'tire et oublie'

missile (sea skimming —)
le missile antinavire à vol rasant

missile pad
le lance-missile

mission
la mission

mist
la brume

mistral
le mistral

misty
brumeux

mix *(v)*
mélanger

mixable
miscible

mixing
le mélange, le brassage

mixing layer
la couche de mélange

mixture
le mélange

mixture (enrich the —) *(v)*
enrichir le mélange

mixture (rich —)
le mélange riche
mixture (weak —)
le mélange pauvre
mixture (weaken the —) *(v)*
appauvrir le mélange
mixture control
la commande de mélange, le correcteur
de mélange
mixture control (automatic —)
le correcteur automatique de mélange
mixture cut-off
l'étouffoir *(m)*
mnemonic
la mnémonique
mnemonic
mnémonique
mobile
mobile
mock-up
la maquette
mock-up (full scale —)
la maquette en vraie grandeur
mode
le mode
mode (following —)
le mode poursuite
mode (operating —)
le mode de fonctionnement
mode selector
le sélecteur de mode
moderate
modéré
modification
la modification
modification (major —)
la modification majeure
modification (mandatory —)
la modification impérative
modification (minor —)
la modification mineure
modification (retrospective —)
le rattrapage
modify *(v)*
modifier
modular
modulaire
modularity

la modularité
modulation
la modulation
module
le module
moist
humide
moisture
l'humidité *(f)*
molecule
la molécule
moment
le moment
moment (bending —)
le moment de flexion
moment arm
le bras de levier
momentum
la quantité de mouvement, la vitesse
acquise
monitor
le moniteur
monitor *(v)*
contrôler
monochrome
monochrome
monocoque
monocoque
monoplane
le monoplan
monoplane (high wing —)
le monoplan à aile haute
monoplane (low wing —)
le monoplan à aile basse
monsoon
la mousson
month
le mois
moon
la lune
mooring
l'amarrage *(m)*
morning
le matin
morning *(adj.)*
matinal
Morse code
le morse

motion
le mouvement

motion (in —)
en route

motion (linear —)
le mouvement linéaire

motion (reciprocating —)
le mouvement alternatif

motion (rotary —)
le mouvement rotatif

motion (translational —)
le mouvement de translation

motion (wave —)
le mouvement ondulaire, le mouvement ondulatoire

mountain
la montagne

mounting
le châssis-support

move *(v)*
se déplacer, se décaler (pressure systems)

move away *(v)*
s'éloigner

movement
le mouvement

movement (air traffic —)
le mouvement aérien

movement area
l'aire de mouvement *(f)*

moving
mobile (surface)

moving map display
la visualisation cartographique

multi-access system
le système multi-accès

multi-purpose
polyvalent

multi-target
multicible

multifunction
multifonction

multimode
multimode

multirole
multi-rôle

mute
le silence radio

mute *(v)*
atténuer

N

nacelle
la nacelle, le fuseau-moteur

nation
la nation

national
national

nationality
la nationalité

navigate *(v)*
naviguer

navigation
la navigation

navigation (inertial —)
la navigation à inertie

navigation (long range —)
la navigation à longue distance

navigation (visual —)
la navigation à vue

**navigation and attack system
(nav/attack system)**
le système de navigation et d'attaque

navigation route (great circle —)
la route orthodromique

navigation table
la table de navigation

navigator
le navigateur

navigator (flight —)
le navigateur de vol

near miss
la quasi-collision, l'évitement de justesse
(m)

needle
l'aiguille *(f)*

needles (chase the —) *(v)*
faire la chasse aux aiguilles

negative
négatif

neon
le néon

neutral
neutre

neutral point
le point neutre

neutral position
la position neutre

Newton's law

la loi de Newton

night
la nuit

night
de nuit *(adv.)*

night effect
l'effet de nuit *(m)*

night flying
le vol de nuit

night rating
la qualification de vol de nuit

night stop
l'arrêt pour la nuit *(m)*,l'arrêt nocturne
(m)

night vision
la vision nocturne

nimbo stratus
le nimbo-stratus

nipple
le graisseur

nitrogen
l'azote *(m)*

noise
le bruit

noise abatement
la réduction de bruit

noise abatement procedure
la procédure anti-bruit

noise attenuator
l'atténuateur de bruit *(m)*

noise level
le niveau sonore

noise measurement
la mesure de bruit

normal
normal, standard

north
le nord

north (magnetic —)
le nord magnétique

north (true —)
le nord vrai, le nord géographique

north seeking
qui indique le nord

northbound
en direction du nord

northerly
du nord

northern
 du nord, septentrional
nose
 le nez, le point avant
nose (droop —)
 le nez basculant
nose (pull the — up) *(v)*
 cabrer
nose cone
 le cône avant, la pointe avant du
 fuselage, le cône de nez
nose down *(v)*
 piquer
nose heaviness
 la tendance à piquer
nose over *(v)*
 capoter
nose probe
 la perchette, la perche de nez
nose undercarriage
 le train avant,
nosewheel
 la roue train avant, la roulette de nez, la
 roulette avant
nosewheel (ease the — off) *(v)*
 décoller la roulette de nez
nosewheel bay

le logement de la roulette avant, le
logement du train avant
nosewheel door
 la porte du train avant
nosewheel rotation speed
 la vitesse de cabrage
nosewheel steering
 le système de guidage de la roulette de
 nez, la commande de direction de la
 roulette de nez, la commande
 d'orientation de la roue avant
notch
 le cran
notices to airmen NOTAMS
 l'avis aux navigateurs aériens *(m)*
nozzle
 la buse
nozzle (propelling —)
 la buse propulsive
nozzle guide vane
 l'aubage distributeur *(m)*
nuclear
 nucléaire
nut
 l'écrou *(m)*
nylon
 le nylon

O

O ring
le joint torique

oblique
oblique

oblong
le rectangle

oblong *(adj)*
oblong(ue), rectangulaire

obscured
obscurci

obscurity
l'obscurité *(f)*

observation
l'observation *(f)*

observe *(v)*
observer

observer
l'observateur *(m)*, l'observatrice *(f)*

obstacle
l'obstacle *(m)*

obstacle (highest —)
l'obstacle le plus élevé *(m)*

obstacle clearance
le franchissement des obstacles

obstruction
l'obstacle *(m)*

obtain *(v)*
obtenir

occluded
occlus

occlusion
l'occlusion *(f)*

occlusion (backbent —)
l'occlusion en vortex *(f)*

occlusion (cold —)
l'occlusion à caractère de front froid *(f)*

occlusion (warm —)
l'occlusion à caractère de front chaud *(f)*

ocean
l'océan *(m)*

oceanic
océanique

oceanic area
la région océanique

octa
l'octa *(m)*, le huitième

off

hors circuit, coupé, fermé

off (be —) *(v)*
être éteint, être coupé

off loaded
à vide

offset
le décalage

offset *(v)*
décaler

offshore
au large

offshore oil industry
l'offshore *(m)*

Ohm's law
la loi d'Ohm

oil
l'huile *(f)*

oil (castor —)
l'huile de ricin *(f)*

oil (mineral —)
l'huile minérale *(f)*

oil (vegetable —)
l'huile végétale *(f)*

oil *(v)*
huiler

oil and water trap
le séparateur huile-eau

oil can
la burette à huile

oil cooler
le radiateur d'huile

oil dilution
la dilution d'huile

oil filter
le filtre à huile

oil pressure
la pression d'huile

oil pressure gauge
le manomètre pression d'huile

oil pump
la pompe à huile

oil seal
le joint d'huile

oil sump
la cuvette de graissage

oil system
le circuit d'huile, le circuit de graissage

oil tank

le réservoir d'huile
oil temperature
la température d'huile
oil temperature gauge
le thermomètre d'huile, l'indicateur de
température d'huile *(m)*
oleo
l'amortisseur *(m)*
oleo leg
la jambe de train, le jambe-oléo, la
jambe amortisseur de train
oleo strut
la jambe oléopneumatique
omni directional
omnidirectionnel
on
en circuit
on (be —) *(v)*
être en marche, être allumé
on/off button
le bouton de mise en route
on/off switch
l'interrupteur marche/arrêt *(m)*
onset
le seuil, le début
opaque
opaque
open *(v)*
ouvrir
operate *(v)*
faire fonctionner (system), actionner
(service), exploiter (aircraft)
operating hours
le temps d'utilisation, les heures de
fonctionnement *(fpl)*
operating instructions
les consignes d'utilisation *(fpl)*
operating limits
les limites d'emploi *(fpl)*
operating procedure
le mode d'opération, le mode opératoire
operating range
la plage de fonctionnement
operating technique
la technique d'utilisation
operation
l'utilisation *(f)*, l'exploitation*(f)* (in a
commercial sense)

operational
opérationnel
operator
l'exploitant *(m)*, l'opérateur*(m)*
oppose *(v)*
opposer, contrer (yaw)
optical
optique
optimisation
l'optimisation *(f)*
optimum
optimum
orbit
l'orbite *(f)*
orbit *(v)*
orbiter
orientate *(v)*
orienter
orientation
l'orientation *(f)*
orifice
l'orifice *(m)*
orographic
orographique
orthodromic
orthodromique
oscillate *(v)*
osciller
oscillation
l'oscillation *(f)*
oscillator
l'oscillateur *(m)*
outboard
extérieur
outbound
partant, sortant
outer
extérieur
outlet
l'échappement *(m)*, la sortie
output
la sortie (computer)
over (R/T)
à vous, répondez
overbank *(v)*
incliner trop
overbanking
le trop d'inclinaison

overcast
couvert

overdue
en retard

overflight
le survol

overflow
le débordement, le trop-plein

overflow *(v)*
déborder

overfly *(v)*
survoler

overflying
le survol

overhaul
la révision

overhaul (top —)
la révision partielle

overhaul *(v)*
réviser

overhead
au-dessus, à la verticale

overheat *(v)*
chauffer, s'échauffer,

overheating
l'échauffement *(m)*

overload
la surcharge

overload *(v)*
surcharger

overread *(v)*
être optimiste (instrument)

overrevving
le surrégime

override
la commande d'interdiction

override *(v)*
annuler

overrun *(v)*
dépasser

overrun area
la partie occasionnellement roulable

overseas
outre-mer

overshoot
le dépassement, l'atterrissage trop

long *(m)* (landing)

overshoot *(v)*
dépasser, remettre les gaz (to go round again)

overspeed
la survitesse, l'emballement *(m)*

overspeed *(v)*
s'emballer (engine)

overspeed governor
le limiteur de survitesse

overstress *(v)*
surcharger

overstressing
la surcharge

overtake *(v)*
dépasser

overtaking
le dépassement

overtemperature
la surtempérature

overturn *(v)*
se renverser

overvoltage
la surtension

overweight (be —) *(v)*
être en surcharge

oxygen
l'oxygène *(m)*

oxygen (liquid —)
l'oxygène liquide *(m)*

oxygen bottle
la bouteille d'oxygène

oxygen mask
le masque à oxygène

oxygen mask (continuous flow —)
le masque à oxygène à débit continu

oxygen mask (demand —)
le masque à oxygène à la demande

oxygen regulator
le régulateur d'oxygène

ozone
l'ozone *(m)*

ozone converter
le convertisseur d'ozone

ozone layer
la couche d'ozone

P

palette
 la palette

panel
 la paroi

panel (limited —)
 le panneau partiel

parabolic
 parabolique

parachute
 le parachute

parachute (anti-spin —)
 le parachute anti-vrille

parachute (back type —)
 le parachute dorsal

parachute (brake —)
 le parachute frein

parachute (drogue —)
 le parachute frein

parachute (seat type —)
 le coussin-parachute

parachute (tail —)
 le parachute de queue

parachute dropping
 le parachutage

parachute dropping zone
 la zone de parachutage

parachute jump
 le saut en parachute

parachute jump (carry out a —) *(v)*
 sauter en parachute

parachute pack
 le sac à parachute

parachuting
 le parachutisme

parachutist
 le/la parachutiste

paraffin
 la paraffine

paragliding
 le parachutisme ascensionnel

parallax
 la parallaxe

parallel
 la parallèle

parallel *(adj.)*
 parallèle

parameter

 le paramètre

park *(v)*
 parquer, garer

parking area
 l'aire de stationnement *(f)*, le parking

part (moving —)
 la pièce mobile

part (spare —)
 la pièce de rechange, la pièce détachée

particule
 la particule

partition
 la paroi (engine)

pass (low —)
 le passage bas, le vol rasant

passive
 passif

payload
 la charge marchande, la charge payante

peel-off
 le dégagement

peel-off *(v)*
 se dégager, s'écarter

pellet
 le grain

pendulous
 pendulaire

pendulous vane
 le volet pendulaire

pendulum
 le pendule

penetrate *(v)*
 pénétrer

penetration
 la pénétration

percentage
 le pourcentage

performance
 la performance

performance (high —)
 la haute performance

perimeter track
 la voie de circulation périphérique

periodic
 périodique

peripheral
 périphérique

permanent

permanent
amarrer

permissible
permis, tolérable

picketing
l'amarrage *(m)*

perpendicular
perpendiculaire

pilot
le pilote

persons on board POB
les personnes à bord *(fpl)*

pilot's notes
le manuel de bord

petrol
l'essence *(f)*

pilot's position
le poste pilote

petrol fumes
les vapeurs d'essence *(fpl)*

pilot (airline —)
le pilote de ligne

phase
la phase

pilot (bush —)
le pilote de brousse

phase (in —)
en phase

pilot (chief —)
le chef-pilote

phase (out of —)
déphasé

pilot (commercial —)
le pilote professionnel

phase (reference —)
la phase de référence

pilot (duty —)
le pilote de permanence

phase (single —)
monophasé

pilot (private —)
le pilote privé

phase (three —)
triphasé

pilot (single —)
mono-pilote

phase (variable —)
la phase variable

pilot (single — operation)
l'exploitation à un seul pilote *(f)*

phenomenon
le phénomène

pilot (student —)
l'élève-pilote (m/f), le pilote stagiaire

photograph
la photographie

pilot (test —)
le pilote d'essai

photographic survey
la photogrammétrie

piloting
le pilotage

phraseology
la phraséologie

pin
le goujon

phugoid
la phugoïde

pinion
le pignon

phugoid oscillation
l'oscillation phugoïde *(f)*

pinpoint
le point identifié, la position identifiée

physical
physique

pinpoint *(v)*
repérer

physical properties
les propriétés physiques *(fpl)*

piston
le piston

physics
la physique

piston ring
le segment de piston

pick off
le capteur

piston rod
la tige de piston

pick-up *(v)*
capter

pitch
le tangage, le pas (propeller)

picket *(v)*

pitch (coarse —)

le grand pas
pitch (collective —)
le pas général, le pas collectif
pitch (cyclic —)
le pas cyclique
pitch (effective —)
le pas effectif
pitch (experimental mean —)
le pas efficace
pitch (fine —)
le petit pas
pitch (fixed —)
le pas fixe
pitch (flight fine —)
le petit pas vol
pitch (geometric —)
le pas géométrique
pitch (ground fine —)
le petit pas sol
pitch (reverse —)
le pas inverse
pitch (variable —)
le pas variable
pitch *(v)*
tanguer
pitch angle
l'angle de l'inclinaison longitudinale *(m)*,
l'angle de pas *(m)* (propeller)
pitch attitude
l'assiette *(f)*
pitch channel
la chaîne de tangage
pitch compensation
la compensation de pas
pitch control
la commande de pas
pitch control (cyclic —)
le manche de pas cyclique
**pitch control augmentation system
PCAS**
le système numérique d'augmentation du
contrôle en tangage à boucle fermée
pitch down *(v)*
piquer
pitch reversal
l'inversion de pas *(f)*
pitch stop (flight fine —)
la butée petit pas

pitch up
l'auto-cabrage *(m)*
pitching
le tangage
pitching moment
le moment de tangage
pitching moment (nose down —)
le moment de tangage en piqué
pitching moment (nose up —)
le moment de tangage en cabré
pitot head
l'antenne pitot *(f)*, le tube pitot
pitot head (heated —)
l'antenne pitot réchauffée *(f)*, le tube
pitot à réchauffage
pitot head cover
la housse pitot
pitot head cover (remove the —) *(v)*
décapuchonner le tube pitot
pitot head heater
le réchauffeur de pitot
pitot pressure
la pression pitot, la pression totale
pitot static system
le circuit anémométrique
pitot tube
le tube pitot
pivot
le pivot
plan position indicator PPI
l'indicateur de gisement *(m)*
plane
le plan
plane (main —)
le plan principal
plate
la plaque
play
le jeu
plenum chamber
la chambre de tranquillisation
plenum chamber burning
le système de chauffe du flux froid dans
la chambre de tranquillisation
plot
le relevé, le tracé
plot *(v)*
pointer, tracer, relever, déterminer

plotting le pointage	**pole (North —)** le pôle Nord
plug la bougie (sparking), le tampon, le bouchon, la fiche (electric), la prise (wall plug)	**pole (South —)** le pôle Sud
	pollution la pollution
plug (igniter —) la bougie d'allumage	**porpoising** le marsouinage
plug (sparking —) la bougie	**port** le bâbord
plug *(v)* boucher, tamponner	**port** à gauche
plug in *(v)* brancher sur	**port** la lumière
plugs (clean the —) *(v)* décrasser les bougies	**port (exhaust —)** la lumière d'échappement
plugs (fouling of the —) l'encrassage des bougies *(m)*	**port (inlet —)** la lumière d'admission
plywood le contre-plaqué	**portable** portatif
pneumatic pneumatique	**position** la position
pneumatic system le circuit pneumatique	**position (air —)** la position air
pod la nacelle, le fuseau	**position (down —)** la position basse
point (triple —) le point triple	**position (ground —)** la position sol
point *(v)* pointer	**position (unusual —)** la position inusuelle
point of no return le point de non-retour	**position (up —)** la position haute
pointer l'aiguille *(f)*	**position** *(v)* positionner
polar polaire	**position error** l'erreur de statique *(f)*, l'erreur de position *(f)*
polar diagram le diagramme polaire	**position line** la ligne de position
polar low la dépression polaire	**position report** le compte rendu de position
polar regions les régions polaires *(fpl)*	**positive** positif
polarisation la polarisation	**possible** possible
polarity la polarité	**potential difference** la différence de potentiel
pole le pôle	**potentiometer**

le potentiomètre
pound
la livre
pounds per square inch (PSI)
les livres au pouce carré *(fpl)*
power
la puissance, le régime, la force
power (available —)
la puissance utilisable
power (economical cruising —)
le régime économique
power (emergency —)
la puissance de secours
power (full —)
le régime maximal, les pleins gaz *(mpl)*,
la pleine puissance, le plein régime
power (idling —)
la puissance au ralenti
power (loss of —)
la perte de puissance
power (maximum continuous —)
(MCP)
la puissance maximum continue, le
régime maximum continu
power (minimum guaranteed —)
le moteur minimum garanti
power (peak —)
la puissance-crête
power (put on the —) *(v)*
remettre les gaz
power (reduce the —) *(v)*
réduire la puissance
power (rotary —)
la puissance du couple
power (switch on the —) *(v)*
mettre en puissance
power (take-off —)
la puissance de décollage
power (trickle of —)
le poil de gaz
power *(v)*
motoriser, propulser, actionner
power failure
le manque de puissance, le défaut de
puissance
power lever
la manette de puissance
power loss

la perte de puissance
power operated
à moteur
power output
la puissance de sortie
power plant
le groupe moteur, le groupe propulseur,
le groupe turbopropulseur
power setting
le régime moteur
power setting (constant —)
le régime moteur constant
power setting (high —)
le régime de puissance élevé
power supply
la source d'alimentation, l'alimentation
électrique *(f)*
power supply (external —)
la source d'alimentation extérieure
power unit (ground —) GPU
le groupe de démarrage au sol
power/weight ratio
la puissance massique, le rapport
puissance/poids
powerful
puissant
practice
l'entraînement *(m)*, l'exercice *(m)*
practise *(v)*
s'exercer
pre-ignition
le préallumage
pre-programme *(v)*
pré-programmer
precaution
la précaution
precautions (special —)
les précautions spéciales *(fpl)*
precess *(v)*
précesser
precession
la précession
precipitation
la précipitation
precipitation static
les interférences statiques
atmosphériques *(fpl)*
precision

la précision

precision approach path indicator PAPI
l'indicateur de trajectoire d'approche de précision *(m)*

preflight
avant le vol

preproduction
pré-série

preselect *(v)*
présélectionner

preset *(v)*
prérégler

'press to talk' button
l'alternat *(m)*, le bouton d'alternat

'press to test' button
le bouton test

'press to transmit' button
l'alternat *(m)*

pressure
la pression

pressure (dynamic —)
la pression dynamique

pressure (high —)
la haute pression

pressure (low —)
la basse pression

pressure (reduction in —)
la détente

pressure belt
la ceinture de pression

pressure breathing
la respiration sous pression

pressure contour
l'isohypse *(f)*

pressure difference
la différence de pression

pressure differential
le différentiel de pression

pressure drop
la perte de pression, la baisse de pression

pressure error
l'erreur d'antenne *(f)*, l'erreur de pression *(f)*

pressure error (static —)
l'erreur de statique *(f)*

pressure error correction PEC
la correction de pression statique

pressure filter
le filtre de pression

pressure gauge
le manomètre, l'indicateur de pression *(m)*

pressure gradient
le gradient de pression *(m)*

pressure reducing valve
le clapet de détente, le manodétendeur

pressure refuelling
le remplissage sous pression

pressure relief valve
le clapet de décharge, le clapet de surpression, la soupape de décharge, la soupape de surpression

pressure setting
la valeur de la pression barométrique

pressure setting (standard —)
la pression standard (de 1013 millibars), le calage standard

pressure suit
la combinaison pressurisée

pressure test
l'essai en pression *(m)*

pressure transducer
le capteur de pression

pressure wave
l'onde de pression *(f)*

pressurisation
la pressurisation

pressurisation system
le système de pressurisation, le circuit de pressurisation

pressurise *(v)*
pressuriser, mettre en pression

primary
primaire

prime *(v)*
amorcer

primer
le dispositif d'injection au démarrage

priming
l'amorçage *(m)*

priming pump
la pompe d'amorçage, la pompe de gavage

privilege
le privilège

procedure
la procédure, le mode d'exécution
procedure (emergency —)
la procédure d'urgence, la consigne de
secours
proceed *(v)*
procéder, se diriger vers
process
la technique
processing unit (central —)
le calculateur arithmétique
processor
le processeur
processor (modular image —)
le processeur modulaire d'image MIP
product support
le service après-vente
production line
la chaîne de montage
profile
le profil
program *(v)*
programmer
programming
la programmation
progress (in —)
en cours
prohibit *(v)*
interdire
prohibited area
la zone interdite
prohibited zone
la zone interdite, la zone à pénétration
interdite
project
le projet
projection
la projection
propagate *(v)*
propager
propagation
la propagation
propel *(v)*
propulser
propeller
l'hélice *(f)*
propeller (constant-speed —)
l'hélice à vitesse constante *(f)*

propeller (contrarotating —)
l'hélice contrarotative *(f)*
propeller (fixed pitch —)
l'hélice à calage fixe *(f)*, l'hélice à pas
fixe *(f)*
propeller (four-bladed —)
la quadripale
propeller (left-handed —)
l'hélice à gauche *(f)*
propeller (pusher —)
l'hélice propulsive *(f)*
propeller (right-handed —)
l'hélice à droite *(f)*
propeller (swing the —) *(v)*
tourner l'hélice à la main, lancer l'hélice
propeller (three-bladed —)
la tripale, l'hélice à trois pales *(f)*
propeller (tractor —)
l'hélice tractive *(f)*
propeller (variable pitch —)
l'hélice à calage variable *(f)*, l'hélice à
pas variable *(f)*
propeller (windmilling —)
l'hélice tournant en moulinet
propeller clearance
la garde d'hélice
propeller de-icer
le dégivreur d'hélice
propeller manufacturer
l'hélicier *(m)*
propeller pitch reversal
l'inversion de pas *(f)*
propeller shaft
l'arbre porte-hélice *(m)*
propeller slip
le recul d'hélice
propeller state (normal —)
le fonctionnement propulsif
property
la propriété
propfan
le propfan, l'hélice transsonique *(f)*,
l'hélice d'avions rapides *(f)*
proportion
la proportion
proportional
proportionnel
propulsion

la propulsion
propulsive
propulsif
propulsive force
la force propulsive
protective
protecteur
prototype
le prototype
protractor
le rapporteur
proximity
la proximité
public address system
le système de sonorisation cabine
pull fully out *(v)*
tirer à fond (control)
pull-out
la ressource, la sortie
pull-out *(v)*
se redresser
pull-out (rolling —)
la sortie de roulis, le virage avec roulis
pulley

la poulie
pulsation
la pulsation
pulse
l'impulsion *(f)*
pulse (single —)
monopulse
pulse technique
la technique d'impulsions
pump
la pompe
pump (hand —)
la pompe à main
pump (mechanical —)
la pompe mécanique
purge *(v)*
purger, évacuer
pushback *(v)*
pousser en arrière
pylon
le pylône, le mât réacteur
pyrotechnic
pyrotechnique

Q
'Q' feel system
le système de sensation artificielle 'Q'
QDM
le cap magnétique vers la station
QDR
le relèvement magnétique d'un avion par
rapport à une station fixe
QFE
la pression atmosphérique au niveau du
terrain d'atterrissage
QNH
la pression atmosphérique ramenée au
niveau de la mer

QTE
le relèvement vrai
quadrant
le secteur
quadrantal
quadrantal
quadrantal error
l'erreur quadrantale *(f)*
quadrantal height rule
la règle des altitudes quadrantales
qualified
habilité
qualify *(v)*
se qualifier

R

racetrack pattern
le circuit en hippodrome
radar
le radar
radar (airborne —)
le radar aéroporté
radar (airborne interception —) AI
le radar d'interception sur aéronef
radar (collision avoidance —)
le radar d'avertissement de collision, le
système d'avertissement de collision
radar (fire control —)
le radar de conduite de tir, le radar de
contrôle de tir
radar (ground —)
le radar terrestre
radar (precision —)
le radar de précision
radar (precision approach —) PAR
le radar d'approche de précision
radar (primary —)
le radar primaire
radar (pulse —)
le radar à impulsions
radar (search —)
le radar de recherche
radar (secondary —)
le radar secondaire
radar (secondary surveillance —)
le radar secondaire de surveillance
radar (storm warning —)
le radar détecteur d'orage, le radar
météo
radar (surveillance —)
le radar de surveillance
radar (terrain following —)
le radar de suivi de terrain
radar (weather —)
le radar météo
radar absorbent material
le matériau absorbant les ondes
électromagnétiques
radar advisory service
le service consultatif radar
radar antenna
l'antenne radar *(f)*
radar approach

l'approche au radar *(f)*
radar contact
le contact radar
radar control
le contrôle radar
radar controller
le contrôleur radar
radar cover
la couverture radar
radar cross-section
la surface équivalente radar
radar echo
l'écho radar *(m)*
radar fix
le relèvement radar
radar frequency
la fréquence radar
radar guidance
le guidage radar
radar heading
le cap radar
radar horizon
l'horizon radar *(m)*
radar lock-on
l'accrochage radar *(m)*
radar operator
le radariste
radar ranging system
le radar télémétrique
radar reflector
le réflecteur radar
radar scope
le scope radar
radar screen
l'écran radar *(m)*
radar signature
la signature radar
radar surveillance
la surveillance radar
radial
le radial
radiate *(v)*
rayonner
radiation
le rayonnement
radiator
le radiateur
radiator shutter

le volet de radiateur
radio
 la radio
radio aid
 l'aide radio *(f)*
radio aids (calibration of —)
 l'étalonnage des aides radios *(m)*
radio beacon
 le radiophare
radio beacon (non-directional —)
 le radiophare non-directionnel
radio compass
 le compas radio
radio control box
 la boîte de commande radio
radio controlled
 radioguidé, radio-contrôlé
radio direction finding
 la radio goniométrie
radio facility
 l'aide radio *(f)*
radio frequency
 la fréquence radio
radio magnetic indicator RMI
 l'indicateur radio magnétique *(m)*
radio management unit RMU
 le boîtier centralisé de commande BCC
radio mast
 le mât d'antenne radio
radio navigation
 la navigation radio
radio operator
 l'opérateur radio *(m)*
radio range
 le radiophare d'alignement
radio set
 le poste de radio
radio sonde
 la radio-sonde
radio station
 la station radio
radio telephony R/T
 la radiotéléphonie
R/T licence
 le certificat d'exploitation radio
radio traffic
 le trafic radio
radio transmitter

l'émetteur radio *(m)*, le poste émetteur
radius
 le rayon
radius of action
 le rayon d'action
radome
 le radôme
ragged
 fractionné (clouds)
railway
 le chemin de fer
rain
 la pluie
rain (freezing —)
 la pluie se congelant, la pluie verglaçante
rain (heavy —)
 la pluie battante
rain (occasional —)
 la pluie intermittente
rain *(v) (impers.)*
 pleuvoir
rain gauge
 le pluviomètre
rain repellent
 l'anti-pluie *(m)*
rainbow
 l'arc-en-ciel *(m)*
raindrop
 la goutte de pluie
rainfall
 la chute de pluie, la hauteur des
 précipitations (amount)
rainy
 pluvieux
raise *(v)*
 soulever, rentrer (flap, u/c)
ram effect
 le bourrage, l'effet dynamique *(m)*
ramp (loading —)
 la rampe de chargement
range
 la portée (machine), le rayon d'action, la
 distance franchissable (aircraft), la plage
 (segment), la gamme (series), l'autonomie *(f)*
range (beyond visual —)
 au-delà du contact
range (firing —)
 le champ de tir

range (long —)	l'échelle de lisibilité *(f)*
à grand rayon d'action, à longue portée	**reading**
range (operating —)	le relevé
le rayon d'action, la zone d'utilisation, la	**readjustment**
plage de fonctionnement	le recalage
range (optical —)	**ready**
la portée optique	prêt
range (short —)	**rear**
à court rayon d'action	l'arrière *(m)*
range (slant —)	**rear** *(adj.)*
la portée oblique	arrière
range (still air —)	**rear (at the —)**
le rayon d'action par vent nul	à l'arrière
rapid	**receive** *(v)*
rapide	recevoir
rarefied	**receiver**
raréfié	le récepteur
ratchet	**reception**
le cliquet	la réception
rate	**reciprocal**
le taux, la cadence	la réciproque
rating	**reciprocal** *(adj.)*
la qualification	réciproque, inverse
rating (type —)	**reconnaissance**
la qualification de type	la reconnaissance
ratio	**reconnaissance (armed —)**
la proportion, le rapport	la réconnaissance armée
ray	**reconnaissance (strategic —)**
le rayon	la reconnaissance stratégique
reach *(v)*	**reconnaissance (tactical —)**
atteindre	la reconnaissance tactique
react *(v)*	**record** *(v)*
réagir	enregistrer
reactance	**recorder**
la réactance	l'enregistreur *(m)*
reaction	**recorder (crash —)**
la réaction	l'enregistreur d'accident *(m)*
reaction (total —)	**recorder (flight —)**
la résultante aérodynamique	l'enregistreur de vol *(m)*
reactive	**recorder (tape —)**
réactif	le magnétophone, l'enregistreur à bande
read *(v)*	magnétique *(m)*
lire	**recorder (voice —)**
read back *(v)*	l'enregistreur de conversation *(m)*
répéter	**recover** *(v)*
readability	se redresser, rejoindre (to base), faire
la lisibilité	percer (bring aircraft back down through
readability scale	cloud), récupérer

recovery
le redressement, la ressource, la percée
(back through cloud)
rectification
la réparation, le redressement (electrics)
rectifier
le redresseur
rectify *(v)*
réparer, redresser
recuperator
le récupérateur
red
rouge
reduce *(v)*
réduire
reduction
la réduction
reduction gear
le réducteur, le démultiplicateur
redundancy
la redondance
re-engine *(v)*
remotoriser
reference (external —)
la référence extérieure, le repère
extérieur
reference mark
le repère
reflect *(v)*
refléter (light), réfléchir (mirror)
reflection
la réflexion
reflector
le réflecteur
refraction
la réfraction
refuel *(v)*
faire le plein, ravitailler l'avion
refuel in flight *(v)*
ravitailler en vol
refuelling in flight
le ravitaillement en vol
refuelling probe
la perche de ravitaillement
refuelling stop
l'étape de ravitaillement *(f)*,l'escale
technique facultative*(f)*
refurbish *(v)*

remettre en état
refurbishing
la remise en état
region
la région
register *(v)*
immatriculer
registration
l'immatriculation *(f)*
regular
régulier
regulate *(v)*
régler
regulation
le règlement
reheat
la post-combustion, la réchauffe
reinforce *(v)*
renforcer
rejoin *(v)*
rejoindre, rallier
rejoining
le ralliement
relative
relatif
relay
le relais
relay *(v)*
retransmettre
relay box
la boîte de relais
release (emergency —)
le déverrouillage de secours
release (quick —)
le déblocage rapide, le débrayage rapide
release *(v)*
déclencher (mechanism), dégager (gas),
lâcher (brakes), relâcher (brakes)
reliability
la fiabilité
reliable
fiable
relief
le relief, le modelé
relief map
la carte en relief
relief valve
le clapet de sécurité

relight
le rallumage réacteur

relight (in flight —)
le rallumage en vol

relight *(v)*
rallumer

remain *(v)*
rester

remotely piloted vehicle RPV
l'engin télépiloté *(m)*

removable
amovible

remove *(v)*
démonter, déposer

renew *(v)*
renouveler

repair
la réparation

repair (emergency —)
le dépannage de secours

repair *(v)*
réparer, dépanner

repairing
le dépannage, la réparation

repeat *(v)*
répéter

repeater
le répétiteur

repel *(v)*
repousser

replenish *(v)*
réapprovisionner

replenishing
le réapprovisionnement

reply
la réponse

reply *(v)*
répondre

reporting point
le point de compte rendu, le point de
report

request (on —)
sur demande

request *(v)*
demander

required
voulu

Rescue Coordination Centre RCC

le centre de coordination de sauvetage
CCS

research
la recherche

research and development
la recherche-développement

reserve
la réserve

reset *(v)*
recaler (altimeter), réarmer

resetting
le recalage

residual
résiduel

resistance
la résistance

resolution
la résolution

resonance
la résonance

respond *(v)*
répondre

responder
le répondeur

response
la réponse, la réaction

response time
le temps de réponse

restricted area
la zone réglementée, la zone à
pénétration réglementée

restriction
la restriction

result
le résultat

resultant
la résultante

retaining
de retenue

retract *(v)*
escamoter, rentrer

retractable
escamotable

retraction
l'escamotage *(m)*, la rentrée

retraction test
l'essai de rentrée *(m)*

return
le retour

return *(v)*
retourner

return line
le tuyau de retour

rev. up the engine *(v)*
augmenter les tours moteur

reversal
l'inversion *(f)*

reverse
l'inverse *(m)*, le contraire

reverse *(v)*
inverser, renverser

reversing switch
l'inverseur *(m)*

revolution
le tour, le régime, la révolution (wheel)

revolutions per minute rpm
les tours minute TM *(mpl)*

rpm (constant —)
le régime constant

rpm (idling —)
le régime de ralenti

rpm (maximum —)
les pleins gaz *(mpl)*, le régime maximum

rpm drop
la chute de régime

rpm gauge
le tachymètre, le compte-tours

revolving
en rotation

Reynolds number
le nombre de Reynolds

rheostat
le rhéostat

rhumb line
la ligne de rhumb/rumb

rhumb line track
la loxodromie

rib
la nervure, la travée d'aile

ridge
la dorsale (pressure)

rig
le montage

rigging
le réglage

right
la droite

right (to the —)
à droite

right angle
l'angle droit *(m)*

right itself *(v)*
se redresser

rigidity
la rigidité

rigidity in space
la tendance à conserver une orientation
fixe (gyro), la fixité dans l'espace

rim
la jante

ring
l'anneau *(m)*

ripcord
la poignée d'ouverture

rise
la hausse (temperature/ pressure),
l'élévation *(f)*

rise *(v)*
monter, être en hausse

river
le fleuve (major river), la rivière

rivet
le rivet

rivet (flush —)
le rivet noyé

robot
le robot

robustness
la robustesse

rocker arm
le culbuteur

rocket
la fusée, l'engin *(m)*, la roquette
(weapon)

rocket motor
le moteur-fusée

rod
la tige

roll
le roulis, le tonneau (aerobatics)

roll (barrel —)
le tonneau barrique

roll (eight point —)

le tonneau à facettes en huit points

roll (flick —)
le tonneau déclenché

roll (four —)
le tonneau à facettes en quatre points

roll (half —)
le demi-tonneau

roll (rate of —)
le taux de roulis, la vitesse angulaire de roulis

roll (slow —)
le tonneau lent

roll (upward —)
le tonneau ascendant

roll *(v)*
rouler, faire un tonneau (aerobatics)

roll axis
l'axe de roulis *(m)*

roll channel
la chaîne de roulis

roll-in *(v)*
s'engager en virage

roll-off-the-top
le rétablissement droit

roll-out *(v)*
revenir au vol normal, sortir de virage

rolling
le roulis

rolling moment
le moment de roulis

'rollout' ceremony
la cérémonie de sortie d'atelier, la cérémonie de sortie d'usine

root mean square RMS
la moyenne quadratique

rotary
tournant

rotate *(v)*
faire tourner

rotation
la rotation

rotation (plane of —)
le plan de rotation

rotational
rotatoire

rotor
le rotor

rotor (auxiliary —)
le rotor anti-couple

rotor (rigid —)
le rotor rigide

rotor (tail —)
le rotor de queue

rotor blade
la pale de rotor

rotor disc
le disque rotor

rotor head
la tête du rotor

rotor hub
le moyeu du rotor

rotor (main —)
le rotor principal

rotorcraft
le giravion

roundel
la cocarde

roundout
l'arrondi *(m)*

roundout *(v)*
arrondir

rounds per minute
coups/minute *(mpl)*

route
la route, l'itinéraire *(m)*

routeing
l'itinéraire *(m)*, le cheminement

routine
la routine

rub *(v)*
frotter

rubber
le caoutchouc

rubbing
le frottement

rudder
la gouverne de direction

rudder (anti-spin —)
la direction contre (la vrille), le pied contre (la vrille)

rudder (full opposite —)
la direction à fond contre (la vrille)

rudder (pro-spin —)
la direction avec (la vrille)

rudder bar
le palonnier

rudder control
la commande de direction
rudder pedal
la pédale de direction
rudder trim
le compensateur de direction
run
le roulement
run-in *(v)*
roder
run-up
le point fixe
run-up *(v)*
faire le point fixe (engine)
running (slow —)
le ralenti
running (slow — cutout valve)
le clapet de ralenti
running-in
le rodage
runway
la piste, la bande
runway (active —)
la piste en service
runway (at the end of the —)
en bout de piste
runway (disused)

la piste abandonnée
runway (duty —)
la piste en service
runway (instrument —)
la piste aux instruments
runway (short —)
la piste courte
runway caravan
la voiture de piste
runway centre line
l'axe de piste *(m)*
runway controller
le contrôleur de piste
runway grooving
le rainurage
runway in use
la piste en service
runway load bearing capacity
la force portante de la piste
runway slope
la déclivité de la piste
runway threshold
le seuil de piste
runway visual range RVR
la portée visuelle de piste PVP
rust
la rouille

S

safety
la sécurité

safety device
le dispositif de sécurité

safety factor
le facteur de sécurité

sailplane
le planeur

salt
le sel

salt spray
l'embrun salin *(m)*

salvage *(v)*
récupérer

sample
l'échantillon *(m)*

sample *(v)*
échantillonner

sampling
l'échantillonnage *(m)*

sand
le sable

sandstorm
la tempête de sable

satellite
le satellite

saturate *(v)*
saturer

saturated state
l'état de saturation *(m)*

saturation
la saturation

saturation point
le point de saturation

sawtooth
la dent de scie

say again *(v)*
répéter

scale
l'échelle *(f)*

scan
le circuit visuel (instruments)

scan (line —)
le balayage en ligne

scan *(v)*
balayer

scanner
le balayeur, le scanner

scanning
le balayage, le scannage

scattered
dispersé (clouds), épars

scavenge pump
la pompe de récupération, la pompe de
vidange

schedule
le programme, le plan

schooling
l'écolage *(m)*

scoop
l'écope *(f)*

scramble
le décollage sur alerte

screen
l'écran *(m)*

screw
la vis

screw on/to *(v)*
visser sur/à

serviceable
disponible, en état de fonctionner,
utilisable

scud
les diablotins *(mpl)* (cloud)

scud *(v)*
courir à toute allure (cloud)

sea
la mer

sea level
le niveau de la mer

sea level (above mean —)AMSL
au-dessus du niveau moyen de la mer

sea level (mean —) MSL
le niveau moyen de la mer

seal
le joint d'étanchéité

seal *(v)*
obturer

sealing (self —)
auto-étanche

seaplane
l'hydravion *(m)*

seaplane landing area
l'hydro-aérodrome *(m)*

search

la recherche
search *(v)*
 chercher
search and rescue
 la recherche et le sauvetage
search mode
 le mode recherche
searchlight
 le projecteur
season
 la saison
seasonal
 saisonnier
seat
 le siège
seat (bench —)
 la banquette
seat belt
 la ceinture de sécurité
seat cover
 la housse de siège
seat handle
 la poignée de siège
seat pan
 le baquet de siège
seater (single —)
 le monoplace
seater (two —)
 le biplace
seating capacity
 le nombre de places assises
secondary
 secondaire
section (aerofoil —)
 le profil
sectional view
 l'écorché *(m)*, la vue en coupe
sector
 le secteur
sediment
 le dépôt
seep *(v)*
 suinter
seepage
 la fuite
seesaw motion
 le va-et-vient, le mouvement de bascule
segment

le segment, la portion
seize up *(v)*
 gripper
seizure
 le grippage (engine)
select *(v)*
 choisir, sélectionner
selection
 la sélection, le choix
selector
 le sélecteur
selector switch
 le combinateur
self-check *(v)*
 s'auto-surveiller
selsyn
 la synchronisation automatique
semi-active
 semi-actif
semi-circular rule
 la règle semi-circulaire
sensing
 la détection
sensitive
 sensible
sensitive element
 l'élément sensible *(m)*
sensitivity
 la sensibilité
sensor
 le capteur, la sonde
sensory illusion
 l'illusion sensorielle *(f)*
separation
 l'espacement *(m)* (ATC), le décollement
 (flow)
separation (lateral —)
 l'espacement latéral *(m)*
separation (longitudinal —)
 l'espacement longitudinal *(m)*
separation (vertical —)
 l'espacement vertical *(m)*
separation point
 le point de décollement
sequence valve
 la valve de séquence
serrated
 dentelé

serration
 la dentelure
service *(v)*
 entretenir, maintenir
serviceability
 la disponibilité
servicing
 la révision, la maintenance, la réparation, l'entretien courant *(m)*, le service courant
servicing (first line —)
 la maintenance au premier échelon
servicing (major —)
 l'entretien majeur *(m)*
servicing (routine —)
 l'entretien courant *(m)*
servicing platform
 la plate-forme d'accès
servo control
 l'asservissement *(m)*, la servo-commande
servo motor
 le servo-moteur
servo pump
 la pompe de servo-commande
set
 le jeu, la série
set *(v)*
 régler, caler
setting
 le réglage, le calage
settle *(v)*
 se stabiliser (aircraft)
sextant
 le sextant
shaft
 l'arbre *(m)*
shallow
 peu profond
shape
 la forme
shear
 le cisaillement
sheet
 la feuille (map)
shelf life
 la durée de stockage
shielding

 la protection, le blindage
shimmy
 le shimmy
shock absorber
 l'amortisseur *(m)*
shock cone
 le cône mobile, la souris mobile
shock wave
 l'onde de choc *(f)*
shoot down *(v)*
 abattre
shoreline
 le rivage
short field operating capacity
 la capacité d'utilisation de terrains très courts
short-haul
 à courte distance
shower
 l'averse *(f)*
shower *(v)*
 pleuvasser par averses
showery
 pluvieux
shut *(v)*
 fermer
shut-down
 la coupure moteur, l'extinction moteur *(f)*
shut-down *(v)*
 couper (le moteur)
shut-off cock
 le robinet d'arrêt
shut-off valve
 la soupape d'arrêt
shuttle service
 la navette aérienne
shuttle valve
 la soupape navette
sick bag
 le sac vomitoire
side by side
 côte à côte
sideband
 la bande latérale
sideband (single —) SSB
 la bande latérale unique BLU
sideslip

le glissement, le dérapage
sideslip *(v)*
glisser, déraper
sideslip angle
l'angle de dérapage latéral *(m)*
sideslip indicator
l'indicateur de dérapage *(m)*
sideslipping
le glissement
sidestick
le manche latéral
sidetone
le son parasite d'ambiance
sideview
la vue latérale
sight (in —)
en vue
signal
le signal
signal (light —)
le signal lumineux
signals square
l'aire à signaux visuels *(f)*
significant
significatif, important
silencer
le silencieux
silicon chip
la pastille de silicium, la puce
simulate *(v)*
simuler
simulation
la simulation
simulator (flight —)
le simulateur de vol
sine
le sinus
sine wave
l'onde sinusoïdale *(f)*
sink rate
la vitesse de descente
siphon *(v)*
siphonner
siphoning
le siphonnage
siren
la sirène
siting

la situation
situation
la situation
size
la grandeur, les dimensions *(fpl)* la taille
(person), le gabarit
ski jump
le tremplin de ski
skid
le dérapage
skid (landing —)
le patin d'atterrissage
skid *(v)*
déraper
skidding
le dérapage
skin
le revêtement
skin friction
le frottement superficiel
sky
le ciel
sky (clear —)
le ciel dégagé
slacken off *(v)*
desserrer
slackness (in something)
le mou
slat
le bec d'aile à fente
slat (leading edge —)
le bec de bord d'attaque
sleet
la neige fondue
sleeve valve
le fourreau de distribution
slight
léger
sling
l'élingue *(f)* (helicopter)
slip
la glissade
slip *(v)*
glisser
slip ring
la bague collectrice
slippery
glissant

slipstream	**snow (frozen —)**
le sillage	la neige gelée
slope	**snow (hard —)**
la pente	la neige dure
sloppy	**snow (melting —)**
mou *(m)*, molle *(f)*	la neige fondante
slot	**snow (packed —)**
la fente (d'aile)	la neige tassée
slot (landing —)	**snow (powdered —)**
le créneau d'atterrissage	la neige poudreuse
slot (take-off —)	**snow (soft —)**
le créneau de décollage	la neige molle
slot time	**snow (wet —)**
le créneau horaire	la neige humide
slow	**snow** *(v) (impers.)*
lent	neiger
slow down *(v)*	**snow blower**
ralentir	le chasse-neige
sluggish	**snow clearance**
peu nerveux (engine), lent	le déneigement
slush	**snow drift**
la neige fondante	la congère, l'amoncellement de neige *(m)*
smog	**snow report**
le brouillard de fumée	le bulletin d'enneigement
smoke	**snow storm**
la fumée	la tempête de neige
smoke (trail —) *(v)*	**snowbound (be —)** *(v)*
dégager de la fumée	être bloqué par la neige
smoke apparatus	**snowfall**
le fumigène	la chute de neige
smoke generator	**snowflake**
le générateur de fumée	le flocon de neige
smoke pod	**snowplough**
le pot fumigène	le chasse-neige
smoke trail	**socket**
la traînée de fumée	la douille, la prise
smooth	**software**
lisse	le logiciel
smoothness	**solar**
la planéité	solaire
snaking	**solar radiation**
la reptation, le serpentage	la radiation solaire
snow	**solenoid**
la neige	le solénoïde
snow (drifting —)	**solenoid valve**
la neige en mouvement	l'électro-clapet *(m)*
snow (fresh —)	**solid**
la neige fraîche	solide

solid state
l'état solide *(m)*
solo (to fly —) *(v)*
voler en solo
sonar
le sonar
sonic
sonique
sonic boom
le bang sonique
soot
la suie
sortie
la sortie
sound
le son
sound
sonore
sound (speed of —)
la vitesse du son, la célérité du son
sound (twice the speed of —)
bisonique
sound barrier
le mur du son
sound level
le niveau sonore
sound proof *(v)*
insonoriser
sound proofing
l'insonorisation *(f)*
sound wave
l'onde sonore *(f)*
source
la source
source region
la source, le lieu d'origine
south
le sud
southbound
en direction sud
southerly
du sud
southern
du sud, méridional
space
l'espace *(m)*
space (outer —)
l'espace intersidéral *(m)*

space flight
le vol dans l'espace
space flight (manned —)
le vol habité dans l'espace
spacing
l'espacement *(m)*
span
l'envergure *(f)*
spanwise
dans le sens de l'envergure
spar
le longeron d'aile
spar (main —)
le longeron principal
spark
l'étincelle *(f)*
specification
spécification
specify *(v)*
spécifier, préciser
spectrum
le spectre
speed
la vitesse
speed (approach —)
la vitesse d'approche
speed (auto pilot operating —) VAO
la vitesse maximum en opération avec
pilotage automatique
speed (average —)
la vitesse moyenne
speed (build up —) *(v)*
prendre de la vitesse
speed (climbing —)
la vitesse de montée
speed (constant —)
la vitesse constante
speed (critical engine —) V_1
la vitesse critique
speed (design cruising —) V_c
la vitesse de calcul en croisière
speed (design diving —) V_D
la vitesse de calcul en piqué
speed (design manoeuvring —) V_A
la vitesse de calcul de manœuvre
speed (flap limiting —) V_F
la vitesse de calcul volets en position
atterrissage

speed (gain —) *(v)*
prendre de la vitesse

speed (gliding —)
la vitesse de plané

speed (gust intensity maximum —) V_o
la vitesse de calcul à la rafale maximum

speed (idling —)
la vitesse de ralenti

speed (level flight maximum —)
la vitesse maximale en palier

speed (lift-off —)
la vitesse d'envoi

speed (low —)
la faible vitesse

speed (maximum — with flaps extended) V_{fe}
la vitesse maximale volets sortis V_{fe}

speed (maximum operating —) V_{MO}
la vitesse maximale en opération

speed (minimum control —) V_{MC}
la vitesse minimale de contrôle

speed (minimum flying —)
la vitesse minimale de vol

speed (never exceed —) V_{NE}
la vitesse à ne jamais dépasser

speed (noise abatement initial climb —) V_4
la vitesse de procédure anti-bruit

speed (normal operating —) V_{NO}
la vitesse maximale d'utilisation normale

speed (nosewheel rotation —)
la vitesse de cabrage

speed (recommended —)
la vitesse recommandée

speed (rotation —) V_R
la vitesse de rotation

speed (rough air —) V_{RA}
la vitesse maximum en atmosphère turbulente

speed (safety —)
la vitesse de sécurité

speed (stalling one 'g' —)
la vitesse de décrochage sous accélération de 'g'

speed (stalling —) V_3
la vitesse de décrochage

speed (take-off decision —) V_1
la vitesse de décision au décollage, la
vitesse d'arrêt au décollage

speed (take-off safety —)
la vitesse de sécurité au décollage

speed (threshold —)
la vitesse au seuil

speed (touchdown —)
la vitesse d'impact

speed (trimmed —)
la vitesse compensée

speed (u/c extended —)
la vitesse train d'atterrissage en sorti

speed (u/c operating —)
la vitesse train d'atterrissage de
manœuvre, la vitesse limite de
manœuvre du train

speed (unstick —)
la vitesse d'envol

speed (vertical climbing —)
la vitesse de montée verticale

speed (vertical —)
la vitesse verticale

speed indicator (vertical —)
le variomètre

speed range
la gamme des vitesses

speed warning device
le dispositif avertisseur de vitesse

spell (cold —)
la vague de froid

spell (sunny —)
l'éclaircie *(f)*

spin
la vrille

spin (enter a —) *(v)*
se mettre en vrille

spin (flat —)
la vrille à plat

spin (inadvertent —)
la vrille involontaire

spin (inverted —)
la vrille sur le dos

spin (prolonged —)
la vrille prolongée

spin (recover from a —) *(v)*
sortir d'une vrille

spin (unintentional —)
la vrille non intentionnée

spin (upright —)

la vrille ventre	**squawk** *(v)*
spin *(v)*	afficher
descendre en vrille, faire tourner (wheel, gyro), tourner	**squeeze** *(v)*
	serrer
spin recovery	**squelch**
la sortie de vrille	le silencieux, le squelch
spinner	**stabilise** *(v)*
la casserole d'hélice	stabiliser
spinning	**stability**
la descente en vrille	la stabilité
spiral	**stability (directional —)**
la spirale	la stabilité en lacet, la stabilité de route
spit *(v)*	**stability (dynamic —)**
pleuvoter (rain), pleuvasser (rain)	la stabilité dynamique
split pin	**stability (lateral —)**
la goupille fendue	la stabilité en roulis, la stabilité latérale
spoiler	**stability (longitudinal —)**
le spoiler, le déporteur	la stabilité longitudinale
spot weld *(v)*	**stability (longitudinal static —)**
souder par points	la stabilité longitudinale statique
spot welding	**stability (neutral —)**
la soudure par points	la stabilité neutre
spray	**stability (oscillatory —)**
l'embrun *(m)*	la stabilité oscillatoire
spray nozzle	**stability (spiral —)**
le pulvérisateur	la stabilité spirale
spraying	**stability (static —)**
la pulvérisation	la stabilité statique
spring	**stability (stick fixed —)**
le printemps (season), le ressort	la condition de stabilité manche bloqué
spring (leaf —)	**stability (stick free —)**
le ressort à lames	la condition de stabilité manche libre
spring (return —)	**stability (variable —)**
le ressort de rappel	la stabilité variable
sprocket	**stability (weathercock —)**
le pignon	la stabilité en girouette
spurious	**stable**
faux*(m)*, fausse *(f)*	stable
spy 'plane	**stack**
l'avion-espion *(m)*	le circuit d'attente
squall	**stack** *(v)*
le grain, la bourrasque	empiler (hold)
squall (line —)	**stage**
la ligne de grains	l'escale *(f)* (stop, leg), l'étape *(f)* (leg), l'étage *(m)* (engine)
square	**stage (multi —)**
le carré	à plusieurs étages
square root	**stage (single —)**
la racine carrée	

English to French   105

mono-étage
stage length
la longueur d'étape
stagnation
la stagnation
stagnation point
le point d'arrêt
stall
le décrochage
stall (deep —)
le super décrochage
stall (tip —)
le décrochage de l'extrémité
stall *(v)*
décrocher
stall recovery
la sortie de décrochage
stall turn
le renversement
stall warning
l'alerte de décrochage *(f)*,le signe
précurseur de décrochage
stall warning system
le système avertisseur de décrochage
stalling angle
l'angle d'incidence critique *(m)*
stalling characteristics
les caractéristiques de décrochage *(fpl)*
stalling speed
la vitesse de décrochage, la vitesse
critique
stand-off distance
la distance de sauvetage
standardisation
la standardisation, la normalisation
standardise *(v)*
standardiser
standby
l'attente *(f)*
standby *(v)*
attendre
star
l'étoile *(f)*
starboard
le tribord, à droite
start
le démarrage
start (failure to —)

le démarrage manqué
start (hot —)
le démarrage avec surchauffe
start *(v)*
démarrer
start cycle
le cycle de démarrage
start the engine by hand *(v)*
démarrer le moteur à la main
start-up
le démarrage, le lancement
starter
le démarreur
starter (air —)
le démarreur à air comprimé
starter (cartridge —)
le démarreur à cartouche
starter (electric —)
le démarreur électrique
starter (hand —)
le démarreur à main
starter (impulse —)
le vibreur de lancement
starter (inertia —)
le démarreur à inertie
starter (self —)
le démarreur autonome
starter switch
la commande de démarreur, le
commutateur de démarreur
starter trolley
le chariot de démarrage
starter unit
le groupe de génération électrique de
piste
starter/generator
la dynamo-démarreur
starting
le démarrage
starting unit (ground —)
le démarreur de piste
static
les perturbations atmosphériques *(fpl)*
static
statique
static pressure
la pression statique
static test

l'essai statique *(m)*

static vent
la prise de pression statique

static vent (flush —)
la prise statique de fuselage

static wick
le déperditeur électrostatique, la mèche déperditeur

station
la station, le poste

station (ground —)
la station terrestre

station (master —)
la station principale

station (slave —)
la station asservie

station (transmitting —)
le poste émetteur

station selector
le sélecteur de postes

stationary
stationnaire

stator
le stator

steady
stabilisé

stealth
la furtivité

steep
raide (slope), serré (turn)

steerable
orientable

stick
le manche à balai

stick back
le manche tiré

stick back (ease the —) *(v)*
tirer doucement sur le manche

stick back (pull the —) *(v)*
tirer sur le manche

stick fixed
le manche bloqué

stick force
l'effort au manche *(m)*

stick forward
le manche en avant, le manche poussé

stick forward (ease the —) *(v)*
pousser doucement sur le manche, rendre

la main

stick forward (push the —) *(v)*
pousser sur le manche

stick free
le manche libre

stick fully back
le manche au ventre

stick fully back (keep the —) *(v)*
garder le manche à fond en arrière

stick fully forward
le manche au tableau

stick fully forward (keep the —) *(v)*
garder le manche entièrement en avant

stick shaker
le secoueur de manche

stiffener
le raidisseur

stop
l'arrêt *(m)*, la butée (mechanical)

stop (spherical —)
la butée sphérique

stop watch
le chronomètre

stopover
l'arrêt *(m)*, l'escale *(f)*

stopway
le prolongement d'arrêt

storage (mass —)
la mémoire de masse

stores (external —)
les charges externes *(fpl)*

storm
l'orage *(m)*, la tempête

storm (eye of the —)
l'œil du cyclone *(m)*

stormy
orageux

stowing
l'arrimage *(m)*

strafe *(v)*
mitrailler en rase-mottes

strafing
le mitraillage au sol

straight ahead
tout droit

straight in
en ligne droite

straight line

la ligne droite	la course (piston)
straighten up *(v)*	**strong**
se redresser	fort, grand
strain gauge	**structure**
la jauge de contrainte, l'extensomètre	la structure, l'ossature *(f)*
(m)	**structural**
strake	structural, structurel
l'arête *(f)*	**structural break**
strap in *(v)*	la brisure
se sangler	**structural failure**
strapdown (components)	la défaillance (d'un élément) de structure
les composants liés *(mpl)*	**strut**
stratiform	le mât
stratiforme	**struts and stays**
stratocumulus	le haubanage
le strato-cumulus	**stud**
stratosphere	le goujon
la stratosphère	**sub-system**
stratus	le sous-système
le stratus	**sublimation**
stratus (low —)	la sublimation
le stratus bas	**submission**
streaming	le dépôt (flight plan)
le déploiement (parachute)	**subsidence**
stream (free —)	la subsidence
l'écoulement libre *(m)*	**subsonic**
stream *(v)*	subsonique
déployer (parachute)	**suck in/up** *(v)*
streamline *(v)*	aspirer
fuseler	**suction**
streamlined	la succion, la dépression d'alimentation
profilé	**suction gauge**
strength	la manomètre de dépression
la force	**suction pump**
strength (not on the —)	la pompe aspirante
hors cadre	**suit (anti-g —)**
strengthen *(v)*	la combinaison anti-g
renforcer, augmenter (wind)	**summer**
stress	l'été *(m)*, estival *(adj.)*
l'effort *(m)*, la contrainte, la tension, le	**sump**
travail, la charge	le puisard, le carter
stress *(v)*	**sump (dry —)**
fatiguer, faire travailler	le carter sec
stringer	**sump (wet —)**
la lisse	le carter-réservoir
strip	**sun**
la bande	le soleil
stroke	**sunny**

ensoleillé

sunrise
le lever du soleil

sunset
le coucher du soleil

sunshine (exposure to —)
l'insolation *(f)*

sunshine (period of —)
l'insolation *(f)*

sunspot
la tache solaire

supercharge *(v)*
suralimenter

supercharger
le compresseur de suralimentation

supercharger (multispeed —)
le compresseur à plusieurs vitesses

supercharger (multistage —)
le compresseur à plusieurs étages

supercharger (two-speed —)
le compresseur à deux vitesses

supercharging
la suralimentation

supercooled
en surfusion

supercooling
la surfusion

supersonic
supersonique

supersonic transport
le transport supersonique

supply
l'alimentation *(f)*

supply *(v)*
alimenter

support (ground —)
l'appui-sol *(m)*

support (logistic —)
le soutien logistique

support (tactical close —)
l'appui tactique rapproché *(m)*

surface
la surface

surface (lower —) (wing)
l'intrados *(m)*

surface (upper —) (wing)
l'extrados *(m)*

surface area

la superficie

surface heating
l'échauffement terrestre *(m)*

surface of discontinuity
la surface de discontinuité

surge
la vague, le pompage (engine)

surge line
la ligne de pompage

surging
le pompage

survivability
la survivabilité

survival equipment
le matériel de sécurité, l'équipement de survie *(m)*

survival suit
la combinaison de survie

suspended (be —) *(v)*
être en suspension

suspension
la suspension

suspension (in —)
en suspension

swarf
les copeaux *(mpl)*

swash plate
le plateau oscillant

sweep *(v)*
balayer

sweep forward
la flèche avant

sweepback
la flèche arrière

swing
l'embardée *(f)*

swirl vane
l'aube de turbulence *(f)*

switch
l'interrupteur *(m)*, le commutateur

switch (master —)
l'interrupteur général *(m)*, le coupe-tout

switch (three position —)
le sélecteur à trois positions

switch off *(v)*
couper, éteindre, mettre hors circuit

switch on *(v)*
allumer, mettre en circuit

switching
la commutation, le branchement
swivel *(v)*
pivoter
symbol
le symbole
symbology
la symbologie
symmetric
symétrique
synchronisation
la synchronisation
synchronise *(v)*
synchroniser

synchronising
la synchronisation
synchronising (self —)
la synchronisation automatique
synthetic
synthétique
syphon *(v)*
siphonner
syphoning
l'effet d'aspiration *(m)*
system
le système, le circuit
systems manufacturer
le systémier

T
tab
le volet compensateur, le compensateur,
le tab, le flettner
tab (anti-balance —)
le flettner de contre-équilibrage
tab (balance —)
le tab automatique
tab (fixed trim —)
le tab ajustable
tab (servo —)
le servo-tab
tab (spring —)
le compensateur à ressort
tab (trim —)
le tab commandé
tachometer
le compte-tours
tactical
tactique
tail
la queue, le plan fixe vertical
tail (butterfly —)
l'empennage papillon *(m)*
tail (T —)
l'empennage en T *(m)*
tail boom
la poutre de queue, l'empennage à poutre
(m)
tail bumper
le patin de queue, le sabot arrière
tail cone
la pointe arrière
tail heaviness
la tendance à cabrer
tail skid
la béquille de queue, le patin de queue
tail slide
la glissade sur la queue
tail wheel
la roulette de queue
tailplane
le plan fixe horizontal
tailplane (variable incidence —)
le plan fixe à incidence variable
take-off
le décollage
take-off (abandoned —)

le décollage interrompu, le décollage
abandonné, l'arrêt au décollage *(m)*
take-off (crosswind —)
le décollage vent de travers
take-off (instrument —)
le décollage aux instruments
take-off (rocket-assisted —)
le décollage assisté par fusée
take-off *(v)*
décoller
take-off distance
la distance de décollage, la distance de
roulement au décollage
take-off distance available
la distance accélération-arrêt utilisable
take-off flightpath
la trajectoire de décollage
take-off run
la longueur de roulement au décollage
talkdown
la percée GCA
talkdown *(v)*
faire percer
tandem
le tandem
tandem
en tandem
tangent
la tangente
tank
le réservoir, le bac
tank (auxiliary —)
le réservoir supplémentaire
tank (collector —)
la nourrice
tank (drop —)
le réservoir largable
tank (external —)
le réservoir externe
tank (flexible —)
le bac souple
tank (integral —)
le réservoir de type structural
tank (wing tip —)
le réservoir de bout d'aile, le réservoir
d'extrémité de voilure
tank capacity
la capacité du réservoir

tanker
le camion-citerne

tanks (change —) *(v)*
changer de réservoir

tapered
effilé

target
la cible

target
le but (indicator)

target (drogue —)
la cible remorquée

target (moving — indicator system)
le détecteur de cibles mobiles

taxi *(v)*
rouler

taxi clearance
l'autorisation de rouler *(f)*

taxiing
le roulage

taxiway
le chemin de roulement, la voie de
circulation

technical
technique

technical log
le carnet d'entretien de l'avion

technical support
le soutien technique, l'assistance
technique *(f)*, le support technique

technician
le technicien

technology
la technologie

technology (advanced —)
la technologie avancée

**telematics (information technology
joined with telecommunications)**
la télématique

telemetry
la télémétrie, la télémesure

teleprinter
le téléscripteur

television
la télévision

television (lowlight —)
la télévision de faible luminosité, la
television à faible niveau de lumière

temperate
tempéré

temperature
la température

temperature (ambient —)
la température ambiante

temperature (high —)
la température élevée

temperature (low —)
la température basse

temperature (outside air —) OAT
la température extérieure

temperature gauge (outside air —)
le thermomètre de température extérieure

temporary
temporaire

tendency
la tendance

tension
la tension

tenuous
ténu

terminal
la borne

terminal building
l'aérogare *(f)*

terrain
le terrain

terrain avoidance
l'évitement de terrain *(m)*

terrain clearance
la marge d'altitude, la marge de
franchissement du relief

terrain following
le suivi de terrain

terrestrial
terrestre

test
l'essai *(m)*, l'expérimentation *(f)*,
l'expérience *(f)*, le test, le contrôle
(personnel)

test *(v)*
éprouver, expérimenter, faire des essais,
contrôler, tester

test bed
le banc d'essai

test kit/set
la mallette de test

test run
l'épreuve *(f)*
testing (non-destructive —)NDT
le contrôle non-destructif, l'essai non-
destructif *(m)*
thaw
le dégel
thaw *(v)*
dégeler, fondre
thermal
le courant ascendant, le thermique
thermal *(adj.)*
thermique
thermal imaging
la thermographie, l'imagerie thermique *(f)*
thermic load
la charge thermique
thermocouple
le thermocouple, le couple
thermoélectrique
thermometer
le thermomètre
thermometer (dry bulb —)
le thermomètre sec
thermometer (wet bulb —)
le thermomètre mouillé
thick
épais
thickness
l'épaisseur *(f)*
thickness/chord ratio
l'épaisseur relative *(f)*
thin out *(v)*
se disperser (fog)
thread
le pas de vis (screw)
threat
la menace
three dimensional
tridimensionnel
threshold
le seuil
threshold (displaced —)
le seuil décalé
throat
le col
throttle
le papillon de gaz

throttle (close the —) *(v)*
couper les gaz
throttle (full —)
les pleins gaz *(mpl)*
throttle (open the —) *(v)*
mettre les gaz, ouvrir les gaz
throttle back *(v)*
réduire les gaz
throttle friction
le blocage de manette de gaz
throttle fully closed
la commande de gaz fermée
throttle fully open
la commande de gaz ouverte à fond
throttle gate
la butée de secteur
throttle lever
la manette de gaz
throttle quadrant
le secteur de manette
throttle stop
la butée ralenti
throttled back
les gaz réduits (à fond)
thrust
la poussée, la traction (propellers)
thrust (dry —)
la poussée sèche, la poussée à sec
thrust (gross —)
la poussée brute
thrust (net —)
la poussée nette
thrust (reversal —)
l'inversion de poussée *(f)*
thrust (static —)
la poussée statique
thrust (variable —)
la poussée orientable
thrust (vectoral —)
la poussée orientable, la poussée
vectorielle
thrust augmentation
l'augmentation de poussée *(f)*
thrust line
la ligne de poussée
thrust reversal
l'inversion de poussée *(f)*
thrust reversal (automatic —)

l'inversion de poussée automatique *(f)*
thrust reverser
l'inverseur de poussée *(m)*
thrust/weight ratio
le rapport poussée/poids, le rapport
poussée/masse
thunder
le tonnerre
thunder *(v)*
tonner (impers)
thunderstorm
l'orage *(m)*
ticket
le billet
tight
serré
tilt
l'inclinaison *(f)*
tilt *(v)*
incliner
time
le temps, l'heure *(f)*
time (down —)
le temps d'immobilisation au sol
time (Greenwich Mean —) GMT
le temps universel TU
time (local —)
l'heure locale *(f)*
time (reaction —)
le temps de réaction
time (real —)
le temps réel
time (rundown —)
le temps d'arrêt
time (running —)
le temps de fonctionnement
time (standard —)
le temps légal
time (still air —)
le temps sans vent
time (zone —)
le temps fuseau, l'heure du fuseau
horaire *(f)*
time *(v)*
minuter, chronométrer
time base
la base de temps
time between overhauls TBO

la durée entre révisions, le potentiel entre
révisions
time constant
la constante de temps
time expired
le potentiel atteint
time history
l'évolution en fonction du temps *(f)*
time interval
le laps de temps
time mark
le repère horaire
time scale
l'échelle du temps *(f)*
time shift
le décalage horaire, le décalage du temps
time switch
la minuterie
time zone
le fuseau horaire
timing
le minutage
timing mechanism
la minuterie
tip
le bout
tip plan path
le plan du disque balayé
tip speed
la vitesse en bout de pale
titanium
le titane
tolerance
la tolérance
ton
la tonne
top
le sommet (highest point), le haut
top (on —)
au-dessus des nuages
top dead centre
le point mort haut
top up *(v)*
compléter le plein
topographical
topographique
topography
la topographie

topping up
le remplissage

topple
le basculement

topple *(v)*
basculer

torch
la torche électrique

torch igniter
l'allumeur torche *(m)*

tornado
la tornade

torpedo (air launched —)
la torpille lançable d'aéronef

torque
le couple

torque limiter
le limiteur de couple

torque meter
le couplemètre

torque motor
le couple moteur

torque switch
le contacteur de couple

total
le total

total *(adj.)*
total, global

totaliser
le totalisateur

touchdown
l'impact *(m)*, le posé

touchdown point
le point d'impact, le point d'atterrissage

tour (inclusive —)
le voyage à forfait

tour (package —)
le voyage à prix forfaitaire

tow *(v)*
remorquer

tow bar
la barre de remorquage

towards
vers

tower
la tour de contrôle

towing (banner —)
le remorquage de banderoles

towing hook
le crochet de remorquage

town
la ville

toxic
toxique

trace
la trace

track
la route (navigation), la voie(u/c),
l'écartement *(m)* (space between wheels)

track (magnetic —)
la route magnétique

track (true —)
la route vraie

track *(v)*
poursuivre

track error
l'erreur de route *(f)*

track made good
la route réellement suivie

track while scan
la poursuite sur information discontinue

tracking
la poursuite, l'alignement des pales *(m)*
(helicopter)

traffic (air —)
le trafic aérien, la circulation aérienne

traffic (inbound —)
le trafic en approche

traffic pattern
le circuit de piste

trailing edge
le bord de fuite

training
la formation, l'entraînement *(m)*

training (basic —)
l'entraînement au premier degré *(m)*

trajectory
la trajectoire

transceiver
l'émetteur-récepteur *(m)*

transducer
le transducteur

transfer
le transfert

transfer *(v)*
transférer

transfer valve
la vanne de transfert

transference
le transfert

transformer/rectifier
le transformateur redresseur

transient
transitoire

transistor
le transistor

transistorise *(v)*
transistoriser

transit stop
l'escale de transit *(f)*

transition
la transition, le passage

transition altitude
l'altitude de transition *(f)*

transition layer
la couche de transition

transition level
le niveau de transition

transition point
le point de transition

transitory
transitoire

translucent
translucide

transmission
l'émission *(f)*, la transmission

transmission (time of —)
l'heure de transmission *(f)*

transmission gear box
la boîte de transmission

transmit *(v)*
transmettre, émettre (radio), diffuser
(radio, TV)

transmitter
l'émetteur *(m)*, le poste émetteur

transmitter (pressure —)
le transmetteur

transonic
transsonique

transonic flow
l'écoulement transsonique *(m)*

transonic regime
le domaine transsonique

transponder

le transpondeur, le répondeur de bord

transport (air —)
le transport aérien

transport (commuter —)
le transport aérien régional

transport (public —)
le transport public

transport service
la desserte

transverse
transversal

travel
la course (machine)

travel *(v)*
se déplacer (machine)

tread
la chape (tyre)

treatment
le traitement

trend
la tendance

triangle (vector —)
le triangle vectoriel

triangle of velocities
le triangle des vitesses

trigger
le déclic (mechanism), la détente (gun)

trigger *(v)*
déclencher

trigger action
le déclenchement

trim
le compensateur, la compensation, le
trim

trim (aileron —)
le compensateur aileron

trim (directional —)
la compensation de direction

trim (electric —)
le compensateur électrique

trim (elevator —)
le trim de profondeur, le compensateur
de profondeur

trim (lateral —)
la compensation de gauchissement

trim (out of —)
hors trim

trim *(v)*
compenser, régler
trim actuator
l'actionneur de trim *(m)*
trim control
la commande de trim
trim tab
le tab, le flettner
trim tab (electrically operated —)
le tab à commande électrique
trim wheel
le volant de compensation, le volant de
trim
trimming
la compensation, l'équilibrage *(m)*
triplane
le triplan
tropic
le tropique
Tropic of Cancer
le tropique du Cancer
Tropic of Capricorn
le tropique du Capricorne
tropical
tropical
tropical (sub —)
subtropical
tropical trials
les essais tropicaux *(mpl)*
tropopause
la tropopause
troposphere
la troposphère
trough
le talweg
tube
le tube
tube (inner —)
la chambre à air
tubeless
sans chambre à air
tubing
la tuyauterie
tubular
tubulaire
tug
le remorqueur
tumbler switch

l'interrupteur à bascule *(m)*
tuneable
accordable
tune *(v)*
accorder
tuning
l'accord *(m)*, le réglage
turbine
la turbine
turbine (free —)
la turbine libre
turbine (gas —)
la turbine à gaz
turbine (ram air —) RAT
la turbine à air dynamique
turbine blade
l'aube de turbine *(f)*, l'ailette de turbine
(f)
turbine casing
le carter de turbine
turbine disc
le disque de turbine
turbine inlet temperature
la température d'entrée turbine
turbine wheel
la roue de turbine
turbocompressor
le turbo compresseur
turbofan
la soufflante
turbofan
le turbofan
turboprop
le turbo-hélice
turboshaft
le turbomoteur
turbo-starter
le turbomoteur de démarrage
turbosupercharger
le turbocompresseur
turbulence
la turbulence
turbulence (clear air —)
la turbulence en air limpide, la
turbulence en air clair
turbulence (light —)
la turbulence faible
turbulence (mechanical —)

la turbulence à origine mécanique
turbulence (moderate —)
la turbulence moyenne
turbulence (severe —)
la forte turbulence, la turbulence sévère
turbulence (wake —)
la turbulence de sillage
turn
le virage
turn (climbing —)
le virage en montée
turn (flat —)
le virage à plat
turn (high rate of —)
la cadence de virage élevée
turn (left —)
le virage à gauche
turn (level —)
le virage en palier
turn (medium —)
le virage à moyenne inclinaison
turn (minimum radius of —)
le rayon minimal de virage
turn (outside —)
le virage sur le dos
turn (procedure —)
le virage conventionnel, le virage de
procédure
turn (radius of —)
le rayon de virage
turn (rate of —)
la cadence de virage, le taux de virage
turn (rate one —)
le virage de taux un
turn (right —)
le virage à droite
turn (standard rate of —)
le taux de virage standard
turn (steady —)
le virage stabilisé, le virage régulier
turn (steep —)
le virage serré, le virage à forte inclinaison, le virage à grande inclinaison
turn *(v)*
tourner
turn and bank indicator
l'indicateur de virage et d'inclinaison
(m)

turn at a low angle of bank
le virage à faible inclinaison
turn-back
le demi-tour (after take-off), le retour
turn back *(v)*
faire demi-tour (after take-off), retourner
turn needle
l'indicateur de virage *(m)*
turn off
la bretelle
turnbuckle
le ridoir, le tendeur
turning error
l'erreur de virage *(f)*
turning point
le point tournant
turnround
la mise en œuvre, la remise en œuvre
turnround time
le temps d'escale, la durée d'escale, le
délai de mise en œuvre, le temps de
rotation
turret
la tourelle
twilight
le crépuscule
twilight (civil —)
le crépuscule civil
twinjet
le biréacteur
twisting
le vrillage
typhoon
le typhon
tyre
le pneu
tyre (flat —)
le pneu à plat, le pneu dégonflé
tyre creep
le glissement de pneu
tyre pressure
la pression de gonflage
tyre tread
la chape, la bande de roulement, la
bande de pneu
tyre wear
l'usure de pneu *(f)*

U

ultra violet
ultra-violet

unbalanced
désaxé

uncertainty
l'incertitude *(f)*

undercarriage (nose —)
l'atterrisseur avant *(m)*

undercarriage
le train d'atterrissage, l'atterrisseur *(m)*

undercarriage (fixed —)
le train fixe

undercarriage (lowering of the —)
la sortie du train d'atterrissage

undercarriage (main —)
le train principal

undercarriage (retractable —)
le train rentrant, le train escamotable

undercarriage (tail wheel —)
le train d'atterrissage à roulette de queue

undercarriage (tricycle —)
le train d'atterrissage tricycle

undercarriage bay
le logement du train, le logement des roues, le puits du train

undercarriage bay door
la trappe d'obturation du logement du train

undercarriage bogie
le diabolo

undercarriage door
la porte du train d'atterrissage

undercarriage down
l'atterrisseur sorti *(m)*, le train sorti

undercarriage down and locked
le train verrouillé sorti

undercarriage down/up lock
le verrouillage train rentré/sorti

undercarriage emergency
la sortie de secours

undercarriage extension
la descente du train

undercarriage leg (wing tip —)
la balancine

undercarriage lights panel
le tableau de contrôle train

undercarriage retraction
l'escamotage du train *(m)*, la rétraction du train

undercarriage speed
la vitesse de manœuvre train

undercarriage up
l'atterrisseur rentré *(m)*, le train rentré

undercarriage up and locked
le train verrouillé rentré

underpowered
sous-motorisé

underread *(v)*
être pessimiste (instruments)

undershoot
l'atterrissage trop court *(m)*

undershoot *(v)*
atterrir trop court

undershoot area
la zone de dégagement

understand *(v)*
comprendre

underwing
sous voilure

undo *(v)*
débloquer, desserrer

undulation
l'ondulation *(f)*

unfeather *(v)*
dévirer

unfeathering
le dévirage

unfiltered
non filtré

unhook *(v)*
décrocher

unidirectional
unidirectionnel

uniform
uniforme, constant

union
le raccord

unit
l'organe *(m)*, l'unité *(f)*(general), le groupe, l'élément *(m)*

unlighted
non éclairé

unlimited
illimité

unlock *(v)*

déverrouiller, décrocher (radar)
unlocking
le déverrouillage
unmonitored
non surveillé
unsaturated
non saturé
unscrew *(v)*
dévisser
unserviceable
hors service, inutilisable, en panne
unstable
instable
unstall *(v)*
rattraper le décrochage, rendre la main
unsteady
instable
unstick
l'envol *(m)*
unstick *(v)*
décoller, s'envoler
upcurrent
le courant ascendant
update *(v)*
mettre à jour
updating
la mise à jour
updraught
le courant ascendant
uplift
le soulèvement
upper
supérieur

upper information region UIR
la région supérieure d'information de vol
uprate *(v)*
augmenter la puissance
uprising
le soulèvement
upslope
le soulèvement
upstream
en amont
upstroke
la course ascendante
upwards
vers le haut
upwash
la déflexion vers le haut
upwind
le vent debout
urgency
l'urgence *(f)*
useable
utilisable
use
l'usage *(m)*
use (out of —)
hors d'usage
use *(v)*
utiliser
useful
utilisable
utility
utilitaire

V

vacuum
le vide

vacuum pump
la pompe à vide

vacuum tube
le tube à vide

validate *(v)*
valider

validation
la validation

validity
la validité

value
la valeur

valve
la soupape, le robinet, le clapet, la valve
(technical, electric), la lampe (radio)

valve (inlet —)
la soupape d'admission, la vanne
d'admission

valve (isolating —)
le clapet d'isolement

valve (needle —)
le robinet à pointeau, la vanne à pointeau

valve (non-return —)
le clapet anti-retour, la valve anti-retour

vane
l'aube *(f)*

vane (guide —)
l'aube de guidage *(f)*

vane (inlet guide —)
l'aube de guidage d'entrée *(f)*, l'aube
distributrice d'entrée *(f)*

vane (intake guide —)
l'aube de prérotation *(f)*

vaporisation
la vaporisation

vaporise *(v)*
vaporiser

vapour
la vapeur

vapour trail
la traînée de condensation

variable
variable

variation
la déclinaison magnétique

variometer
le variomètre

vector
le vecteur

vectorial
vectoriel

veer *(v)*
tourner vers/à (wind)

veering
la rotation du vent vers la droite

vegetation
la végétation

vehicle (remotely piloted —)
le véhicule aérien télépiloté

velocity
la vitesse, la vélocité

velocity (relative —)
la vitesse relative

vent
l'orifice *(m)*, le trou

vent to atmosphere
la mise à l'air libre

vent to atmosphere *(v)*
mettre à l'air libre

ventilation
la ventilation

venting
la mise à l'air libre

ventral
ventral

venturi
le venturi, la trompe

verification
la vérification

verify *(v)*
vérifier

version
la version

vertical
vertical

vertical interval
la séparation verticale

vertigo
le vertige

VFR flight (special —)
le vol VFR spécial

VFR flight
le vol VFR

via
par, via

vibrate *(v)*
vibrer

vibration
la vibration, l'oscillation *(f)*

vicinity
le voisinage

view (exterior field of —)
le champ de vision extérieure

vigorous
vigoureux

viscosity
la viscosité

viscous
visqueux

visibility
la visibilité

visibility (in-flight —)
la visibilité en vol

visibility (oblique —)
la visibilité oblique

visibility (poor —)
la visibilité mauvaise, la visibilité limitée

visibility (slant —)
la visibilité oblique

visible
visible

visible all round
visible dans tous les azimuts (light)

visor
la visière

visual
visuel

visual acuity
l'acuité visuelle *(f)*

visual approach slope indicator system
VASIS
l'indicateur visuel de pente d'approche
(m), l'indicateur de pente VASIS *(m)*

visual flight rules VFR
les règles de vol à vue VFR *(fpl)*, le
régime de vol à vue

visual meteorological conditions VMC
les conditions météorologiques de vol à
vue VMC

VMC on top
VMC au-dessus de la couche

voice
la voix

voice command system
le système de commande vocale,
l'équipement vocal pour aéronef *(m)*

volatile
volatil

volatility
la volatilité

volt
le volt

voltage
la tension

voltage (low —)
la basse tension

voltage drop
la chute de tension

voltage regulator
le régulateur de tension

voltmeter
le voltmètre

volume
le volume

volume control
la commande de volume, le réglage de
volume

volumetric
volumétrique

vortex
le tourbillon

vortex flow control VFC
le contrôle par jets des écoulements
tourbillionaires

vortex generator
le générateur de tourbillon

vortex ring state
le fonctionnement avec anneau
tourbillonnaire

W

wafer
la barrette

wake
le sillage

wander
l'errance *(f)*, la dérive

wander *(v)*
errer

warhead
l'ogive *(f)*

warm
chaud

warm sector
le secteur chaud

warm-up
le réchauffage

warm-up *(v)*
réchauffer

warning
l'avertissement *(m)*, l'alerte*(f)*, l'alarme *(f)*

warning (audible —)
l'alarme sonore *(f)*

warning (early —)
l'alerte à distance *(f)*

warning horn
l'avertisseur sonore *(m)*

warning light
l'alarme lumineuse *(f)*, le témoin, le voyant

warp
le gauchissement

wash-in
le gauchissement positif

washer
la rondelle

washout
le gauchissement négatif

watch
la montre, la permanence (ATC)

watch (be on —) *(v)*
être de permanence

watch (listening —)
l'écoute permanente *(f)*

water
l'eau *(f)*

water (distilled —)
l'eau distillée *(f)*

water droplet
la gouttelette d'eau

water injection
l'injection d'eau *(f)*

water vapour
la vapeur d'eau

water/methanol
l'eau*(f)*/ le méthanol

waterspout
la trombe marine

watt
le watt

wattage
la puissance en watts

wave
l'onde *(f)*, l'ondulation *(f)*

wave (bow —)
l'onde de choc amont *(f)*

wave (carrier —)
l'onde porteuse *(f)*

wave (continuous —)
l'onde entretenue *(f)*

wave (ground —)
l'onde au sol *(f)*

wave (lee —)
le rabattant

wave (long —)
les grandes ondes *(fpl)*

wave (medium —)
les ondes moyennes *(fpl)*

wave (modulated continuous —)
l'onde continue modulée *(f)*

wave (mountain —)
l'onde de relief *(f)*, l'onde orographique *(f)*

wave (pressure —)
l'onde de pression *(f)*

wave (shock —)
l'onde de choc *(f)*

wave (short —)
les ondes courtes *(fpl)*

wave (sky —)
l'onde aérienne *(f)*, l'onde d'espace *(f)*

wave (standing —)
l'onde stationnaire *(f)*

wave guide
le guide d'ondes

wavelength
la longueur d'ondes

way point
le point tournant, le point de repère, le point de cheminement

weak
faible

weapon
l'arme *(f)*

weaponry
l'armement *(m)*

weapons (conventional —)
les armes classiques *(fpl)*

weapons (nuclear —)
les armes nucléaires *(fpl)*

weapons bay
la soute à armements

wear and tear (fair —)
l'usure normale *(f)*

weather
le temps

weather (bad —)
le mauvais temps, les intempéries *(fpl)*

weather (clear —)
le temps clair

weather (cold —)
le temps froid

weather (hot —)
le temps très chaud

weather (past —)
le temps passé

weather (present —)
le temps présent

weather clutter
les échos météo *(mpl)*

weather conditions
les conditions météo *(fpl)*

weather forecast
la prévision météo

weather map
la carte météo

weather minima
les conditions météo minimales *(fpl)*

weather report
le bulletin météo, les renseignements météo *(mpl)*

weather ship
le navire météo

weather vane
la girouette

weave *(v)*
louvoyer

wedge shaped
en coin

week
la semaine

weekly
par semaine, hebdomadaire

weigh *(v)*
peser

weighbridge
le pont-bascule

weighing
la pesée

weight
la masse, le poids

weight (all-up —)
le poids total, la masse maximale

weight (balance —)
la masse d'équilibrage

weight (basic empty —)
la masse à vide

weight (bob —)
la masselotte

weight (gross —)
la masse totale brute

weight (landing —)
le poids à l'atterrissage, la masse à l'atterrissage

weight (maximum —)
la masse maximale, le poids maximum

weight (maximum admissible fuel —)
la masse utilisable carburant

weight (maximum fuel —)
la masse maximale de carburant

weight (maximum landing —)
la masse maximale à l'atterrissage

weight (maximum take-off —)
la masse maximale au décollage

weight (take-off —)
la masse au décollage, le poids au décollage

weight (zero-fuel —)
la masse sans carburant, le poids total sans carburant

weight and balance chart

English to French

l'abaque de centrage *(m)*

weight distribution sheet
la répartition de soute

weight, altitude, temperature limit (WAT limit)
les paramètres limites en fonction de la masse, de l'altitude et de la température *(mpl)*

weld
la soudure

weld *(v)*
souder

west
l'ouest *(m)*

west
de l'ouest

westbound
en direction ouest

westerly
de l'ouest

western
de l'ouest, occidental

wet
mouillé

wheel
la roue, le volant (control)

wheel (hand —)
le volant

wheel alignment
le parallélisme des roues

wheel base
l'empattement *(m)*

wheel bay
le logement des roues

wheel locking
le blocage des roues

wheel spat
le carénage de roue

whirlwind
le tourbillon de vent

widespread
étendu (fog)

width
la largeur

width (overall —)
la largeur hors tout

winch
le treuil

winch *(v)*
lancer au treuil

winching
le treuillage

wind
le vent

wind (anabatic —)
le vent anabatique

wind (gale force —)
le vent soufflant en tempête

wind (geostrophic —)
le vent géostrophique

wind (high —)
le vent fort

wind (into —)
face au vent

wind (katabatic —)
le vent catabatique

wind (light —)
le vent faible, la brise faible

wind (offshore —)
le vent de terre

wind (onshore —)
le vent de mer, le vent du large

wind (prevailing —)
le vent dominant

wind (side —)
le vent de travers

wind (surface —)
le vent en surface, le vent au sol

wind (tail —)
le vent de dos, le vent arrière

wind (thermal —)
le vent thermique

wind (upper —)
le vent en altitude

wind (zero —)
le vent nul

wind direction
la direction du vent

wind direction (sudden change in —)
la saute du vent

wind down the runway
le vent bien dans l'axe

wind drop
le décrochage d'une aile

wind gradient
le gradient du vent

wind scale
l'échelle des vents *(f)*
wind shear
le cisaillement du vent
wind shift
la saute du vent
wind tunnel
la soufflerie
wind tunnel (blowdown —)
la soufflerie à rafales
wind tunnel (cryogenic —)
la soufflerie cryogénique
wind velocity
la vitesse du vent
wind(s) (trade —)
les alizés *(mpl)*
winding
le bobinage
windmill *(v)*
être en moulinet
windmilling
le fonctionnement en moulinet,
l'autorotation *(f)*
window
le hublot (porthole), la fenêtre
window (sliding —)
la glace coulissante
windscreen
le pare-brise
windscreen wiper
l'essuie-glace *(m)*
windscreen wiper blade
le balai d'essuie-glace
windsock
la manche à air
windward
le côté du vent
windy
venteux
wing
l'aile *(f)* (general use), la voilure
wing (ahead of the —)
à l'avant de l'aile
wing (augmenter —)
l'aile-trompe *(f)*
wing (cambered —)
l'aile cambrée *(f)*
wing (cantilever —)

l'aile en porte-à-faux *(f)*
wing (clipped —)
l'aile tronquée *(f)*
wing (crescent —)
l'aile en croissant *(f)*
wing (delta —)
l'aile delta *(f)*
wing (double delta —)
l'aile double delta *(f)*
wing (fixed —)
l'aile fixe *(f)*, la voilure fixe
wing (flying —)
l'aile volante *(f)*
wing (folding —)
l'aile pliante *(f)*
wing (forward swept —)
l'aile à flèche inversée *(f)*
wing (gull —)
l'aile en W
wing (high —)
l'aile haute *(f)*
wing (low —)
l'aile basse *(f)*
wing (mid —)
l'aile médiane *(f)*
wing (mission adaptive —)
l'aile à cambrure variable *(f)*
wing (rotary —)
la voilure tournante
wing (slew —)
l'aile en ciseau *(f)*
wing (straight —)
l'aile droite *(f)*
wing (supercritical —)
l'aile supercritique *(f)*
wing (swept back —)
l'aile en flèche *(f)*
wing (swept delta —)
l'aile delta fléchée *(f)*
wing (swing —)
l'aile à flèche variable *(f)*
wing (tilt —)
l'aile basculante *(f)*
wing (variable camber —)
l'aile à cambrure variable *(f)*
wing (variable geometry —)
l'aile à flèche variable *(f)*
wing area

la surface alaire

wing blowing
le soufflage de l'aile

wing box
le caisson de l'aile, le caisson de voilure

wing fence
la cloison de décrochage

wing fencing
le décrochement

wing fillet
le congé de raccordement, le raccord
Karman

wing loading
la charge alaire

wing root
l'emplanture *(f)*

wing stub
le moignon d'aile

wing tip
le bout d'aile, le saumon d'aile,
l'extrémité d'aile *(f)*

winglet
le winglet, l'ailette *(f)*

wingover
le renversement

wings (waggle the —) *(v)*

battre les ailes

wingspan
l'envergure *(f)*

winter
l'hiver *(m)*

winter
d'hiver, hivernal

wiring
le câblage

wiring diagram
le schéma de câblage

wobble pump
la pompe oscillante

wood
le bois

work
le travail

work load
la charge de travail

works
les travaux *(mpl)*

world
le monde

World Meteorological Organisation
l'Organisation Météorologique Mondiale
(f)

XYZ	le lacet, la cadence

x-ray examination
l'examen radiographique *(m)*

yawing moment
le moment de lacet
year
l'an *(m)*, l'année *(f)*

yaw
le lacet
yaw (adverse —)
le lacet inverse
yaw *(v)*
faire un mouvement de lacet
yaw axis
l'axe de lacet *(m)*
yaw channel
la chaîne de lacet
yaw damper
l'amortisseur de lacet *(m)*
yawing

zero (absolute —)
le zéro absolu
zero reader
l'indicateur de zéro *(m)*
zigzag
le zigzag
zigzag *(v)*
faire des zigzags
zoom
la chandelle

French to English

abaissement *(m)*
lowering

abaisser *(v)*
to lower

abaque de centrage *(m)*
weight and balance chart

abattée *(f)*
stall

abattre *(v)*
to shoot down

abordage *(m)*
collision

abords dégagés *(mpl)*
(démarrage) clear all round

abri *(m)*
hangarage

absorber *(v)*
to absorb

absorption *(f)*
absorption

accalmie *(f)*
lull

accélération *(f)*
acceleration

accélération brute *(f)*
slam acceleration (moteur)

accélération centrifuge *(f)*
centrifugal acceleration, 'g' loading

accélération linéaire *(f)*
linear acceleration

accélération normale *(f)*
normal acceleration

accélération nulle *(f)*
zero 'g'

accélérer *(v)*
to accelerate, to expedite (trafic aérien)

accéléromètre *(m)*
accelerometer, 'g' meter

accessibilité *(f)*
accessibility

accessible
accessible

accessoire *(m)*
accessory

accident *(m)*
accident, crash

accidents (taux d' —) *(m)*
accident rate

accord *(m)*
tuning (radio)

accord silencieux *(m)*
aural null

accordable
tuneable

accorder *(v)*
to tune

accoudoir *(m)*
armrest

accouplement flexible *(m)*
flexible coupling

accrétion *(f)*
accretion

accrochage radar *(m)*
radar lock on

accrocher (s' —) *(v)*
to lock on (missile)

accroissement *(m)*
accumulation, build up

accumulateur *(m)*
accumulator, battery

accumulateur de frein *(m)*
brake accumulator

accumulateur hydraulique *(m)*
hydraulic accumulator

accumulation *(f)*
accumulation

accumulation de glace *(f)*
ice accretion

accuser réception *(v)*
to acknowledge

acquisition *(f)*
acquisition

acquisition des données *(f)*
data acquisition

actif
active

action *(f)*
action, effect

actionné par câble
cable operated

actionner *(v)*
to operate (un mécanisme), to power

actionneur *(m)*
actuator

actionneur de trim *(m)*	aerodynamicist
trim actuator	**aérodynamique** *(f)*
actions vitales *(fpl)*	aerodynamics *(n)*, aerodynamic *(adj)*
vital actions	**aérodyne** *(m)*
actualiser *(v)*	aerodyne
to update	**aérofrein** *(m)*
acuité visuelle *(f)*	airbrake
visual acuity	**aérogare** *(f)*
adapteur *(m)*	air terminal, terminal building
adaptor	**aéroglisseur** *(m)*
additif *(m)*	hovercraft
additive	**aérolargage** *(m)*
adhésion *(f)*	air dropping
adhesion, adherence	**aérologie** *(f)*
adiabatique	aerology
adiabatic	**aéromédical**
admission *(f)*	aeromedical
intake	**aéromobile**
advection *(f)*	air mobile
advection	**aéromobilité** *(f)*
aérien	air mobility
aerial	**aéromoteur** *(m)*
aéro-médecine *(f)*	aero engine
aero medicine	**aéronaute** *(m/f)*
aéroclub *(m)*	balloonist
flying club	**aéronautique** *(f)*
aérodistorsion *(f)*	aeronautics
aeroelastic distortion	**Aéronavale** *(f)*
aérodrome *(m)*	Fleet Air Arm FAA
aerodrome, airfield	**aéronef** *(m)*
aérodrome contrôlé *(m)*	aircraft
controlled aerodrome	**aéroport** *(m)*
aérodrome de dégagement *(m)*	airport
alternate airfield, diversion airfield	**aéroporté**
aérodrome de départ *(m)*	carried by air, airborne
departure airfield	**aérospatial**
aérodrome de déroutement *(m)*	aerospace
alternate airfield	**aérostat** *(m)*
aérodrome de destination *(m)*	lighter than air craft, balloon
destination airfield	**aérostation** *(f)*
aérodrome douanier *(m)*	ballooning
customs airfield	**aérostier** *(m)*
aérodrome herbeux *(m)*	balloon pilot
grass airfield	**aérothermique**
aérodrome non-contrôlé *(m)*	aerothermic
uncontrolled aerodrome	**affaiblissement** *(m)*
aérodynamicien *(m)*	fading

affichage *(m)*
display
afficher *(v)*
to display, to squawk
affirmatif
affirmative
affrètement partiel de la capacité de
l'avion *(m)*
split charter
agglomération *(f)*
built-up area
aide radio *(f)*
radio aid
aides à l'approche *(fpl)*
approach aids
aides à l'atterrissage *(fpl)*
landing aids
aides à la navigation *(fpl)*
navigational aids
aiguille *(f)*
needle, pointer
aiguilles des cadrans (faire la chasse
aux —) *(v)*
to chase the needles
aiguilleur du ciel *(m)*
air traffic controller
aile (à l'avant de l' —)
ahead of the wing
aile *(f)*
wing
aile à cambrure variable *(f)*
variable camber wing, mission adaptive
wing
aile à flèche inversée *(f)*
forward swept wing
aile à flèche variable *(f)*
swing wing, variable geometry wing
aile à géométrie variable *(f)*
variable geometry wing
aile basculante *(f)*
tilt wing
aile basse *(f)*
low wing
aile courbe *(f)*
cambered wing
aile delta *(f)*
delta wing, hang glider

aile delta fléchée *(f)*
swept delta wing
aile double delta *(f)*
double delta wing
aile droite *(f)*
straight wing
aile en ciseau *(f)*
slew wing
aile en croissant *(f)*
crescent wing
aile en flèche *(f)*
sweptback wing
aile en porte-à-faux *(f)*
cantilever wing
aile en W *(f)*
gull wing
aile haute *(f)*
high wing
aile médiane *(f)*
mid wing
aile pivotante *(f)*
swing wing
aile rogallo *(f)*
hang glider
aile supercritique *(f)*
supercritical wing
aile-trompe *(f)*
augmenter wing
aile tronquée *(f)*
clipped wing
aile volante *(f)*
flying wing, hang glider
aileron *(m)*
aileron
aileron abaissé *(m)*
downgoing aileron
aileron différentiel *(m)*
differential aileron
aileron frise *(m)*
frise aileron
aileron interne *(m)*
inboard aileron
aileron relevé *(m)*
upgoing aileron
ailes (battre les —) *(v)*
to waggle the wings
ailette *(f)*

winglet	apron, parking area
ailette de turbine *(f)*	**ajustable**
turbine blade	adjustable
aimant *(m)*	**alarme** *(f)*
magnet	alarm
aimant permanent *(m)*	**alarme de baisse de pression de**
permanent magnet	**carburant** *(f)*
aimanter *(v)*	fuel low pressure warning light
to magnetise	**alarme lumineuse** *(f)*
air *(m)*	warning light
air	**alarme sonore** *(f)*
air agité *(m)*	audible warning
rough air, turbulent air	**aléatoire**
air calme *(m)*	random
still air	**alerte** *(f)*
air chaud *(m)*	alert
hot air (carburateur), warm air or hot air	**alerte à distance** *(f)*
(météo)	early warning
air de secours *(m)*	**alerte d'altitude** *(f)*
emergency air	altitude alert
air dynamique *(m)*	**alerte de décrochage** *(f)*
ram air	stall warning
air froid *(m)*	**alésage** *(m)*
cold air	bore (diamètre)
air libre (mettre à l' —) *(v)*	**algorithme** *(m)*
vent to atmosphere	algorithm
air libre (mise à l' —) *(f)*	**alignement** *(m)*
venting to atmosphere	alignment
air-air	**alignement de descente** *(m)*
air-to-air	glidepath
air-sol	**alignement des pales (héli)** *(m)*
air-to-ground	tracking, blade alignment
airbus *(m)*	**aligner (s' —)** *(v)*
airbus	to line-up
aire à signaux visuels *(f)*	**aligner** *(v)*
signals square	to align
aire de compensation *(f)*	**aligner et garder cette position (s'—)** *(v)*
compass base	to line-up and hold
aire de lancement des planeurs *(f)*	**alimentation** *(f)*
glider launching site	supply
aire de manœuvre *(f)*	**alimentation d'air** *(f)*
manoeuvring area	air supply
aire de mouvement *(f)*	**alimentation électrique** *(f)*
movement area	power supply
aire de régulation des compas *(f)*	**alimentation en charge** *(f)*
compass swinging base	gravity feed
aire de stationnement *(f)*	**alimentation en courant alternatif** *(f)*

AC (alternating current) supply
alimentation en courant continu *(f)*
DC (direct current) supply
alimenter *(v)*
to energise, to feed, to supply
alizés *(mpl)*
trade winds
allée centrale *(f)*
single aisle
allongé
lengthened (fuselage), stretched
allongement *(m)*
aspect ratio
allumage *(m)*
ignition
allumage électronique *(m)*
electronic ignition
allumer (s' —) *(v)*
to light up (réacteur)
allumer *(v)*
to switch on
allumeur torche *(m)*
torch igniter
alternat *(m)*
'press to transmit' button
alternateur (de bord) *(m)*
alternator
altimètre *(m)*
altimeter
altimètre asservi *(m)*
servo altimeter
altimètre barométrique *(m)*
pressure altimeter
altimètre codeur *(m)*
encoding altimeter
altimètre radar *(m)*
radar altimeter
altiport *(m)*
high altitude airport
altitude *(f)*
altitude
altitude (haute —) *(f)*
high altitude
altitude (prendre de l' —) *(v)*
to gain height
altitude d'exploitation *(f)*
operating altitude

altitude de l'isotherme zéro *(f)*
height of the zero degree isotherm,
freezing level
altitude de référence *(f)*
airfield elevation
altitude de sécurité *(f)*
safety height
altitude de terrain *(f)*
airfield height
altitude de transition *(f)*
transition altitude
altitude élevée *(f)*
high altitude
altitude maximum en exploitation *(f)*
maximum operating height
altitude-pression *(f)*
pressure altitude
alto-cumulus *(m)*
alto cumulus
alto-stratus *(m)*
alto stratus
aluminium *(m)*
aluminium
amarrage *(m)*
picketing, mooring
amarrer *(v)*
to picket
amas de neige *(m)*
snowdrift
amasser (s' —) *(v)*
to drift, to pile up
ambiant
ambient
ambiguïté *(f)*
ambiguity
amélioration *(f)*
improvement
améliorer *(v)*
to improve
amerrir *(v)*
to land on the sea, to ditch
amerrissage forcé (faire un —) *(v)*
to ditch
amerrissage forcé *(m)*
ditching
amoncellement *(m)*
accumulation, piling up

amoncellement de neige *(m)*
snowdrift

amonceller (s' —) *(v)*
to accumulate, to pile up (neige), to build up

amont (en —)
upstream

amorçage *(m)*
priming

amorcer *(v)*
to energise, to induce, to prime

amorcer la rotation *(v)*
to roll on (inclinaison)

amorphe
amorphous

amorti
damped

amorti (fortement —)
heavily damped

amortir *(v)*
to damp, to damp out

amortissement *(m)*
damping

amortissement gazeux *(m)*
gas damping

amortisseur *(m)*
shock absorber, oleo

amortisseur de lacet *(m)*
yaw damper

amortisseur de pas *(m)*
blade damper

amovible
removable

ampérage *(m)*
amperage

ampère *(m)*
amp(ere)

ampère-heure *(m)*
ampere-hour

ampèremètre *(m)*
ammeter

ampleur *(f)*
amplitude

amplificateur *(m)*
amplifier

amplification *(f)*
amplification

amplifier *(v)*
to amplify

amplitude *(f)*
amplitude, magnitude

an *(m)*
year

anabatique
anabatic

analogique
analogue

anémo-machmètre *(m)*
airspeed/machmeter indicator

anémomètre *(m)*
anemometer, airspeed indicator

anéroïde
aneroid

angle *(m)*
angle

angle d'approche *(m)*
angle of approach

angle d'attaque *(m)*
angle of attack

angle d'incidence *(m)*
angle of incidence

angle d'incidence critique *(m)*
stalling angle

angle d'inclinaison *(m)*
bank angle

angle d'inclinaison longitudinal *(m)*
pitch angle

angle de braquage des volets *(m)*
flap deflection angle

angle de calage *(m)*
blade angle

angle de conicité *(m)*
coning angle

angle de dérapage latéral *(m)*
angle of sideslip

angle de dérive *(m)*
drift angle

angle de montée *(m)*
climbing angle

angle de pas *(m)*
blade angle

angle de plané *(m)*
gliding angle

angle droit *(m)*

right angle

angle mort *(m)*
blind spot

anguleux
angular

anneau *(m)*
ring

année *(f)*
year

annonciateur *(m)*
annunciator

annuel
annual

annulation *(f)*
cancellation

annuler *(v)*
to cancel

antenne *(f)*
aerial, antenna

antenne à cadre *(f)*
loop aerial

antenne à fentes *(f)*
slit aerial

antenne à rayonnement dirigé *(f)*
directional aerial

antenne de lever de doute *(f)*
sense antenna

antenne monocle *(f)*
loop aerial

antenne parabolique *(f)*
parabolic aerial

antenne pendante *(f)*
trailing aerial

antenne pitot *(f)*
pitot head

antenne pitot réchauffée *(f)*
heated pitot head

antenne radar
radar antenna

antenne traînante *(f)*
trailing aerial

antenne UHF *(f)*
UHF aerial

antenne VHF *(f)*
VHF aerial

anti-détonant
anti-knock

anti-éblouissant
anti-glare

anti-gel *(m)*
anti-freeze

anti-givrage *(m)*
anti-icing

anti-pluie *(m)*
rain repellent

anti-sous-marin
anti-submarine

anticyclone *(m)*
anticyclone

antipatinage *(m)*
anti-skid

apériodique
aperiodic

appareil *(m)*
aircraft, apparatus, appliance

appauvrir le mélange *(v)*
to weaken the mixture

appel *(m)*
call

appel de détresse *(m)*
distress call

appeler *(v)*
to call

appliquer (les freins) *(v)*
to apply (the brakes)

appontage *(m)*
deck landing

apponter *(v)*
to carry out a deck landing

approche (en —)
on approach, inbound

approche *(f)*
approach

approche à forte pente *(f)*
steep approach

approche à vue *(f)*
visual approach

approche au radar *(f)*
radar approach

approche aux instruments *(f)*
instrument approach

approche basse altitude *(f)*
flat approach, low approach

approche directe *(f)*
direct approach, straight-line approach

approche finale *(f)*
final approach

approche ILS *(f)*
ILS approach

approche initiale *(f)*
initial approach

approche manquée *(f)*
missed approach

approche plate *(f)*
flat approach

approche sur faisceau *(f)*
beam approach

approche sur radar de précision *(f)*
precision approach

approcher (s' —) *(v)*
to approach

approuver *(v)*
to approve

approximatif
approximate

appui aérien *(m)*
air support

appui-sol *(m)*
ground support

appui-tête *(m)*
headrest

après
after

après-midi *(m)*
afternoon

aptitude au vol *(f)*
airworthiness

aquaplaning (faire de l' —) *(v)*
to aquaplane

aquaplaning *(m)*
aquaplaning

arbre *(m)*
shaft

arbre à cames *(m)*
camshaft

arbre à cames en tête *(m)*
overhead camshaft

arbre d'entraînement *(m)*
drive shaft

arbre porte-hélice *(m)*
propeller shaft

arc *(m)*
arc

arc-en-ciel *(m)*
rainbow

arceau de verrière *(m)*
canopy arch

Arctique *(m)*
the Arctic

arête *(f)*
edge, strake

arête de dérive *(f)*
fin leading edge

arête dorsale *(f)*
dorsal fin

argon *(m)*
argon

armature *(f)*
armature

armée de l'air *(f)*
air force

armes classiques *(fpl)*
conventional weapons

arrêt *(m)*
stop, stopover

arrêt au décollage *(m)*
abandoned take-off

arrêt nocturne *(m)*
night stop

arrêt pour la nuit *(m)*
night stop

arrêter *(v)*
to stop

arrêter la rotation *(v)*
to roll off (inclinaison)

arrière (à l' —)
astern

arrière *(f)*
aft, rear

arrimage *(m)*
stowing

arrivée *(f)*
arrival

arriver *(v)*
to arrive

arrondi *(m)*
round-out

arrondir *(v)*
to round-out
ascendant
ascending
asphalte *(m)*
asphalt
aspiration de la couche limite *(f)*
boundary layer control
aspiré
aspirated
aspirer *(v)*
to suck in/up
assemblage *(m)*
assembly
assembler *(v)*
to assemble
asservissement *(m)*
servo control
assiette *(f)*
attitude
assiette à cabrer *(f)*
nose-up attitude
assiette à piquer *(f)*
nose-down attitude
assiette compensée *(f)*
trimmed attitude
assiette transversale *(f)*
pitch attitude
assistance technique *(f)*
technical support
assurer que le ciel est vide (s' —) *(v)*
to keep a good lookout
astrocompas *(m)*
astrocompass
astrodôme *(m)*
astrodome
asymétrique
asymmetric
atmosphère *(f)*
atmosphere
atmosphère (haute —) *(f)*
upper atmosphere
atmosphère agitée *(f)*
turbulent air
atmosphère type internationale *(f)*
International Standard Atmosphere
atmosphérique

atmospheric
attache *(f)*
attachment
atteindre *(v)*
to reach
attendre *(v)*
to hold, to standby
attente *(f)*
hold, standby
attention *(f)*
attention
atténuateur de bruit *(m)*
noise attenuator
atténuation *(f)*
attenuation
atténuation de l'effet des rafales de vent *(f)*
gust alleviation
atténuer *(v)*
to mute
atterrir *(v)*
to land
atterrir trop court *(v)*
to undershoot
atterrissage *(m)*
landing
atterrissage automatique *(m)*
automatic landing
atterrissage aveugle *(m)*
blind landing
atterrissage brutal *(m)*
heavy landing, crash landing
atterrissage complet *(m)*
fullstop landing
atterrissage court *(m)*
short landing
atterrissage d'urgence *(m)*
emergency landing
atterrissage de détresse *(m)*
crash landing, emergency landing
atterrissage de précaution *(m)*
precautionary landing
atterrissage de précision *(m)*
spot landing
atterrissage dur *(m)*
heavy landing

atterrissage en catastrophe *(m)*
crash landing

atterrissage en monomoteur *(m)*
single-engine landing

atterrissage entièrement automatique *(m)*
automatic landing

atterrissage forcé *(m)*
forced landing

atterrissage hors aérodrome *(m)*
precautionary landing

atterrissage manqué *(m)*
baulked landing

atterrissage moteur coupé *(m)*
engine-out landing, power-off landing, dead stick landing

atterrissage moteur réduit *(m)*
glide landing

atterrissage par vent arrière *(m)*
downwind landing

atterrissage par vent de travers *(m)*
crosswind landing

atterrissage sans volets *(m)*
flapless landing

atterrissage sur le ventre *(m)*
wheels-up landing, belly landing

atterrissage train rentré *(m)*
wheels-up landing

atterrissage trop court *(m)*
undershoot

atterrissage trop long *(m)*
overshoot

atterrisseur avant *(m)*
nosewheel

atterrisseur principal *(m)*
main undercarriage

atterrisseur rentré *(m)*
undercarriage up

atterrisseur sorti *(m)*
undercarriage down

attirer *(v)*
to attract

attitude 'trois points' *(f)*
three point attitude

attitude *(f)*
attitude

attitude de vol *(f)*
flight attitude

attraction *(f)*
attraction

aubage distributeur *(m)*
nozzle guide vanes

aube *(f)*
dawn

aube *(f)*
blade, vane

aube civile *(f)*
dawn

aube de diffuseur *(f)*
diffuser vane

aube de guidage *(f)*
guide vane

aube de guidage d'entrée *(f)*
inlet guide vane

aube de prérotation *(f)*
inlet guide vane

aube de stator *(f)*
stator blade

aube de turbine *(f)*
turbine blade

aube de turbulence *(f)*
swirl vane

aube distributrice *(f)*
inlet guide vane

aube monocristalline *(f)*
monocrystalline blade

audiogramme *(m)*
audiogramme

augmentation *(f)*
increase

augmentation de poussée *(f)*
thrust augmentation

augmentation de traînée *(f)*
drag rise

augmenter (s' —) *(v)*
to increase, to intensify

augmenter la puissance *(v)*
to uprate (moteur)

aurore boréale *(f)*
aurora borealis

auto-allumage *(m)*
preignition

auto-cabrage *(m)*
pitch-up

auto-étanche
self-sealing

auto-freiné
self-locking

auto-lubrifiant
self-lubricating

auto-obdurant
self-sealing

auto-surveiller (s' —) *(v)*
to self-check, self-supervise

autogire *(m)*
autogyro, gyroplane

automanette *(f)*
autothrottle

automatique
automatic

automne *(m)*
autumn

autonomie *(f)*
aircraft's endurance

autonomie (distance) *(f)*
range

autoréglable
self-adjusting

autorisation *(f)*
authorisation

autorisation d'atterrir *(f)*
landing clearance, clearance to land

autorisation de circulation aérienne *(f)*
air traffic clearance

**autorisation de circuler hors des voies
aériennes *(f)***
off-airways clearance

autorisation de rouler *(f)*
taxi clearance

autorisation de route *(f)*
airways clearance

autorisation de vol *(f)*
authorisation for flight, flight clearance

autorisé à atterrir
cleared to land

autorisé à rouler
cleared to taxi

autoriser *(v)*
to authorise

autorotation *(f)*
autorotation, windmilling

autostabilisateur *(m)*
autostabiliser

autostabilisation *(f)*
autostabilisation

autostabiliser *(v)*
to autostabilise

auvent *(m)*
louvre

auxiliaire
auxiliary

aval (en —)
downstream

avant *(m)*
front

avant (vers l' —)
forward

avant le vol
preflight

averse *(f)*
shower

avertissement *(m)*
warning

avertisseur d'altitude *(m)*
altitude alert

avertisseur d'incendie *(m)*
fire warning system

avertisseur de décrochage *(m)*
stall warning

avertisseur de Mach *(m)*
audible machmeter

avertisseur sonore *(m)*
warning horn

aviateur *(m)*
aviator, airman, flier

aviation *(f)*
aviation

aviation civile *(f)*
civil aviation

**Aviation Légère de l'Armée de Terre
ALAT**
Army Air Corps AAC

avion *(m)*
aeroplane, aircraft

**avion à décollage et atterrissage courts
ADAC *(m)***
short take-off and landing aircraft STOL

avion à décollage et atterrissage
verticaux ADAV *(m)*
vertical take-off and landing aircraft
VTOL

avion à hélice *(m)*
propeller-driven aircraft

avion à large fuselage *(m)*
wide-bodied aircraft

avion à propulsion solaire *(m)*
solar powered aircraft

avion à réaction *(m)*
jet aircraft

avion à roulette arrière *(m)*
tail-wheeled aircraft

avion à signature radar limitée *(m)*
stealth aircraft

avion acrobatique *(m)*
aerobatic aircraft

avion agricole *(m)*
crop spraying aircraft

avion amphibie *(m)*
amphibious aircraft

avion au sol *(m)*
aircraft on ground AOG

avion civil *(m)*
civil aircraft

avion d'affaires *(m)*
business aircraft, executive aircraft

avion d'attaque au sol *(m)*
ground attack aircraft

avion d'entraînement *(m)*
training aircraft

avion de collection *(m)*
historic aircraft

avion de combat *(m)*
combat aircraft

avion de ligne *(m)*
airliner

avion de ligne d'apport *(m)*
commuter aircraft, feederliner

avion de reconnaissance *(m)*
reconnaissance aircraft

avion de transport *(m)*
transport aircraft

avion de transport régional *(m)*
regional transport aircraft ATR

avion éclaireur *(m)*

pathfinder aircraft

avion embarqué *(m)*
carrier based aircraft

avion espion *(m)*
spy 'plane

avion furtif *(m)*
stealth aircraft

avion immobilisé au sol *(m)*
aircraft on ground AOG

avion léger *(m)*
light aircraft

avion non muni de radio *(m)*
non-radio-equipped aircraft

avion plus léger que l'air *(m)*
lighter-than-air craft

avion sans pilote *(m)*
pilotless aircraft

avion terrestre *(m)*
landplane

avion transbordeur *(m)*
air ferry

avion ultra-léger AUL *(m)*
ultra-light aircraft

avion-cargo *(m)*
cargo aircraft, freighter

avion-cible *(m)*
target aircraft, pilotless aircraft, drone

avion-citerne *(m)*
tanker aircraft

avion-école *(m)*
training aircraft

avion-ravitailleur *(m)*
tanker aircraft. flight refueller

avion-taxi *(m)*
air taxi

avion-test *(m)*
test aircraft

avionique *(f)*
avionics

avionnage *(m)*
installation (d'un moteur à la cellule)

avionner *(v)*
to fit, install (le moteur à la cellule)

avionnette *(f)*
ultra-light aircraft

avionneur *(m)*
airframe manufacturer

avis aux navigateurs aériens *(m)*
  notices to airmen NOTAMS
avis de coup de vent *(m)*
  gale warning
aviser *(v)*
  to advise
avitailler *(v)*
  to refuel
avitailleur *(m)*
  refueller, bowser
axe *(m)*
  axis, centreline
axe de charnière *(m)*
  hinge line
axe de descente *(m)*
  glidepath
axe de lacet *(m)*
  yaw axis
axe de levée de pale *(m)*
  flapping hinge
axe de piste *(m)*
  runway centreline
axe de piston *(m)*
  gudgeon pin

axe de référence *(m)*
  datum line
axe de roulis *(m)*
  roll axis
axe de traînée *(m)*
  drag hinge
axe géométrique *(m)*
  axis
axe latéral *(m)*
  lateral axis
axe longitudinal *(m)*
  longitudinal axis
axe normal *(m)*
  normal axis
axe prolongé *(m)*
  extended centreline
axe vertical *(m)*
  normal axis, vertical axis
azimut *(m)*
  azimuth
azimut inverse *(m)*
  back bearing
azote *(m)*
  nitrogen

B

bâbord *(m)*
port

bac *(m)*
tank

bac aérien *(m)*
air ferry

bac souple *(m)*
flexible tank

bâche hydraulique *(f)*
hydraulic tank, hydraulic header tank

badin *(m)*
airspeed indicator

bagage *(m)*
baggage, luggage

bague collectrice *(f)*
slip ring

baie d'avionique *(f)*
avionics bay

baisse de pression *(f)*
pressure drop, fall of pressure

baisser *(v)*
to fall (température)

baladeuse *(f)*
map light

balai d'essuie-glace *(m)*
windscreen wiper blade

balance aérodynamique *(f)*
aerodynamic balance

balancer *(v)*
to balance

balancine *(f)*
wing tip undercarriage leg

balayage *(m)*
scanning

balayage en ligne *(m)*
line scan

balayer *(v)*
to scan, to sweep

balayeur *(m)*
scanner

balisage *(m)*
marking out with beacons

balisage chemin de roulement *(m)*
taxiway lights

balisage d'aérodrome *(m)*
airfield lighting

balisage lumineux d'approche *(m)*
approach lights, lead-in lights

balisage piste *(m)*
runway lighting

balisage sol *(m)*
ground lighting

balise *(f)*
beacon, marker

balise d'aéroport *(f)*
airport beacon

balise d'approche extérieure *(f)*
outer marker OM

balise de délimitation *(f)*
boundary marker

balise extérieure *(f)*
outer marker OM

balise médiane *(f)*
middle marker MM

ballon *(m)*
balloon

ballon à air chaud *(m)*
hot air balloon

ballon captif *(m)*
captive balloon

ballon de barrage *(m)*
barrage balloon

ballon libre *(m)*
free balloon

ballon-sonde *(m)*
radio sonde balloon

balourd *(m)*
imbalance, unbalance, latitude nut

balsa *(m)*
balsa wood

banc d'essai *(m)*
test bed

banc de brouillard *(m)*
fog bank

bancs de brume *(mpl)*
fog patches

bande *(f)*
runway, strip, band (radar)

bande d'atterrissage *(f)*
landing strip

bande de fréquence *(f)*
frequency band

bande de pneu *(f)*

tyre tread
bande de roulement *(f)*
tyre tread
bande gazonnée *(f)*
grass strip
bande latérale *(f)*
sideband
bande latérale unique BLU *(f)*
single sideband SSB
bang sonique *(m)*
sonic boom
banque de données *(f)*
data bank
banquette *(f)*
bench seat
banquise *(f)*
iceflow
baquet de siège *(m)*
seat pan
barographe *(m)*
barograph
baromètre *(m)*
barometer
baromètre anéroïde *(m)*
aneroid barometer
barométrique
barometric
barostat *(m)*
barostat
barre d'horizon *(f)*
horizon bar
barre de remorque *(f)*
towing bar
barre omnibus *(f)*
busbar
barrette *(f)*
wafer
barrette CCD *(f)*
charge-coupled device
barrière *(f)*
barrier
barrière d'arrêt *(f)*
arrester barrier
barrière de décrochage *(f)*
wing fence
bas *(m)*
bottom, low (adj)

bas (vers le —)
down, downwards
basculement *(m)*
topple
basculer *(v)*
to topple
base (de —)
basic
base *(f)*
base
basé à terre
land based
base aérienne *(f)*
air base
base de données *(f)*
data base
base de temps *(f)*
time base
base des nuages *(f)*
cloud base
basse altitude *(f)*
low altitude, low level
basse pression *(f)*
low pressure
basse tension *(f)*
low voltage
basses couches *(fpl)*
lower layers (nuages)
bateau-phare *(m)*
lightship
bâti *(m)*
jig
bâti-moteur *(m)*
engine bearer, engine mounting
battement *(m)*
buffeting, flapping
batterie *(f)*
battery
batterie au plomb-acide *(f)*
lead/acid battery
batterie d'urgence *(f)*
standby battery
batterie de bord
main battery
batterie de réserve *(f)*
standby battery
batterie de secours *(f)*

emergency battery

batterie extra robuste *(f)*
heavy duty battery

battre *(v)*
to flutter

bec basculant *(m)*
droop leading edge

bec d'aile à fente *(m)*
slat

bec de bord d'attaque *(m)*
leading edge slat

béquille de queue *(f)*
tail skid

berceau moteur *(m)*
engine bearer, engine cradle

béton *(m)*
concrete

bicylindre à plat *(m)*
flat twin (moteur)

bidimensionel
two dimensional

bielle *(f)*
rod

bielle de commande *(f)*
control rod

bielle de liaison *(f)*
connecting rod

bilame *(f)*
bimetallic strip

bilan *(m)*
appraisal, assessment

bille *(f)*
ball

billet *(m)*
ticket

bimoteur *(m)*
twin-engined aircraft

binaire
binary

biplace *(m)*
two-seat aircraft

biplan *(m)*
biplane

biréacteur *(m)*
twin-jet aircraft

bisonique
Mach 2, twice the speed of sound

bit *(m)*
bit

blindage *(m)*
armour plating, shielding

blinder *(v)*
to armour plate, to shield, to screen
(électricité)

bloc cylindre *(m)*
cylinder block

bloc moteur *(m)*
engine block

blocage à refus *(m)*
engine seizure

blocage aérodynamique *(m)*
compressor stall

blocage de commande/ gouverne *(m)*
control lock

blocage de manette de gaz *(m)*
throttle friction control

blocage des gyros *(m)*
gyro caging

blocage des roues *(m)*
wheel locking

bloqué par la neige (être —) *(v)*
to be snowbound

bloquer *(v)*
to jam, to lock (roue), to overtighten, to
cage (gyro)

bobinage *(m)*
winding, coil

bobine *(f)*
coil

bobine d'allumage *(f)*
igniter coil, ignition coil

bobine d'excitation *(f)*
exciter coil

bobine d'induction *(f)*
induction coil

bobine de champ *(f)*
field coil

bobine de démarrage *(f)*
booster coil

bois *(m)*
wood

boîte à fusibles *(f)*
fuse box

boîte à pharmacie *(f)*

first aid box

boîte d'entraînement d'accessoires *(f)*
accessory gear box

boîte de commande radio *(f)*
radio control box

boîte de dérivation *(f)*
junction box

boîte de jonction *(f)*
junction box

boîte de relais *(f)*
relay box

boîte de transmission *(f)*
transmission gear box

boîtier *(m)*
housing

boîtier centralisé de commande BCC
(m)
radio management unit RMU

boîtier de commande *(m)*
control box

bol du compas *(m)*
compass bowl

bombardement *(m)*
bombing, bombardment

bombardement en piqué *(m)*
dive bombing

bombardement en ressource *(m)*
toss bombing

bombardier *(m)*
bomber, bomb aimer

bombardier d'eau *(m)*
water bomber

bombe *(f)*
bomb

bombe à fragmentation *(f)*
fragmentation bomb

bombe à guidage laser *(f)*
laser guided bomb

bombe anti-personnel *(f)*
anti-personnel bomb

bombe en grappe *(f)*
cluster bomb

bombe nucléaire *(f)*
nuclear bomb

bon de vol *(m)*
C of A release

bord (à —)

aboard, on board

bord (de —)
of the aircraft

bord d'attaque *(m)*
leading edge

bord de fuite *(m)*
trailing edge

borne *(f)*
terminal

borne de batterie *(f)*
battery terminal

bouche ventilation *(f)*
air vent

bouchon *(m)*
plug

bouchon de remplissage *(m)*
filler cap

bouchon de vapeur *(m)*
vapour lock, air lock

bouchon de vidange *(m)*
drain plug

boucle *(f)*
loop

boucler la boucle *(v)*
to loop the loop

bouclier *(m)*
shield

bouclier thermique *(m)*
heat shield

boudin d'étanchéité verrière *(m)*
canopy seal

boudin en caoutchouc *(m)*
de-icing boot

bougie *(f)*
sparking plug

bougie d'allumage *(f)*
igniter plug

boulon explosif *(m)*
explosive bolt

bourrage *(m)*
ram effect

bourrasque *(f)*
squall, sudden gust of wind

bousiller *(v)*
to prang (argot)

boussole *(f)*
compass

bout *(m)*
tip, end
bout d'aile *(m)*
wing tip
bouteille d'oxygène *(f)*
oxygen bottle
bouteille extincteur *(f)*
fire bottle (extinguisher)
boutique franche *(f)*
duty-free shop
bouton *(m)*
(push)button, knob, switch
bouton d'alternat *(m)*
'press to talk' button, switch
bouton de commande *(m)*
control knob
bouton de mise en route *(m)*
on/off button
bouton de sélection de cap *(m)*
'set heading' knob
bouton poussoir *(m)*
push button
bouton poussoir drapeau/dévirage *(m)*
feathering/unfeathering button
bouton test *(m)*
'press to test' button
bouton-tirette *(m)*
push/pull button
branche *(f)*
leg
branche vent arrière *(f)*
downwind leg
branche vent de travers *(f)*
crosswind leg
branche vent debout *(f)*
upwind leg
branchement *(m)*
connection
brancher(sur) *(v)*
to plug in, to connect
braquage *(m)*
deflection, deflection angle
braquage des volets *(m)*
flap deflection (angle)
braquer *(v)*
to deflect
bras de levier *(m)*

moment arm
brassage *(m)*
mixing
brasser *(v)*
to mix
bretelle *(f)*
turn-off (de la piste)
bretelles *(fpl)*
shoulder harness
brevet *(m)*
licence
briefing *(m)*
briefing
brin d'arrêt *(m)*
arrester wire
brise *(f)*
breeze
brise de mer *(f)*
sea breeze
brise de terre *(f)*
land breeze
brise faible *(f)*
breeze, light wind
brisure *(f)*
structural break
brouillage *(m)*
interference, jamming
brouillard *(m)*
fog
brouillard d'advection *(m)*
advection fog
brouillard de fumée *(m)*
smoke fog, smog
brouillard de pente *(m)*
upslope fog
brouillard de rayonnement *(m)*
radiation fog
brouillard en mouvement *(m)*
drifting fog
brouillard givrant *(m)*
freezing fog
brouillard marin *(m)*
sea fog
brouillard mince *(m)*
shallow fog
brouillasse *(f)*
wet fog

brouiller (se —) *(v)*
to cloud over
brouiller *(v)*
to distort, to jam
brouilleur *(m)*
jammer
broutage *(m)*
chatter
bruine *(f)*
drizzle
bruiner *(v)*
to drizzle
bruit *(m)*
noise
bruit de fond *(m)*
background noise
brûleur *(m)*
burner
brûleur à double débit *(m)*
duplex burner
brume *(f)*
mist
brume de chaleur *(f)*
heat haze
brume de fumée *(f)*
smoke haze
brume sèche *(f)*
haze
brumeux
foggy, misty, hazy
buffeting *(m)*
buffeting

bulletin météo *(m)*
weather report
bureau d'études *(m)*
design office
burette à huile *(f)*
oil can
bus alternatif *(m)*
AC bus
bus de données *(m)*
data bus
bus numérique *(m)*
digital bus
buse *(f)*
nozzle
buse propulsive *(f)*
propelling nozzle
but *(m)*
target
butée (en —)
up against the mechanical stop
butée *(f)*
stop
butée de secteur *(f)*
throttle gate
butée mécanique *(f)*
mechanical stop
butée petit pas *(f)*
flight fine pitch stop
butée ralenti *(f)*
idle stop, throttle stop
butée sphérique *(f)*
spherical stop mark

C

cabine *(f)*
cabin

cabine pressurisée *(f)*
pressurised cabin

câblage *(m)*
wiring

câble *(m)*
cable

câble de commande *(m)*
control cable

cabrer *(v)*
to pull the nose up

cache-réacteur *(m)*
engine cowling

cadence *(f)*
yawing, rate

cadence de tir *(f)*
rate of fire

cadence de virage *(f)*
rate of turn

cadence de virage élevée *(f)*
high rate of turn

cadran *(m)*
dial

cadre (hors —)
not on the strength (personnel)

cadre *(m)*
frame

cadre tournant *(m)*
loop aerial

caisson d'aile *(m)*
wing box

caisson de voilure *(m)*
wing box

calage *(m)*
setting

calage altimétrique *(m)*
altimeter setting

calage standard *(m)*
standard pressure setting

calcul *(m)*
calculation

calcul continu du point d'impact
CCPI*(m)*
continuous calculation from the point of
impact CCPI

calcul continu du point de largage
CCPL*(m)*
continuous calculation from the point of
launch CCPL

calculateur *(m)*
calculator, small computer

calculateur analogique *(m)*
analogue computer

calculateur arithmétique *(m)*
central processing unit

calculateur d'estime *(m)*
air position indicator

calculateur de navigation *(m)*
navigational computer

calculateur numérique *(m)*
digital computer

calculatrice *(f)*
small computer

calculatrice analogique *(f)*
analogue computer

calculer *(v)*
to calculate

cale de roue *(f)*
chock

caler *(v)*
to chock, to set (directionnel)

cales (mettre les —)*(v)*
to chock, to place the chocks in position

calibrage *(m)*
calibration

calibration *(f)*
calibration

calibrer *(v)*
to calibrate

calme
calm

calmes équatoriaux *(mpl)*
The Doldrums

calmes subtropicaux *(m)*
Horse latitudes

cambré
cambered

cambrure *(f)*
camber

cambrure variable *(f)*
variable camber

came *(f)*

cam

caméra d'imagerie thermique à balayage frontal *(f)*
forward-looking infrared camera FLIR

caméra thermique *(f)*
forward-looking infrared camera FLIR

camion-citerne *(m)*
bowser, tanker

camouflage *(m)*
camouflage

camoufler *(v)*
to camouflage

canal *(m)*
canal, channel (TV)

canal semi-circulaire *(m)*
semi-circular canal

canard *(m)*
canard

canaux multiples (à —)
multi-channel

canon *(m)*
cannon, gun

canon d'éjection de verrière *(m)*
canopy jettison gun

canot de sauvetage *(m)*
life-raft

canot de survie *(m)*
life-raft

canot pneumatique *(m)*
dinghy

caoutchouc *(m)*
rubber

cap *(m)*
heading

cap (changer de —)*(v)*
to alter course/heading

cap (prendre un —)*(v)*
to set heading, to take up a heading

cap (suivre un —)*(v)*
to steer a heading

cap (tenir un —)*(v)*
to maintain a heading

cap cardinal *(m)*
cardinal heading

cap compas *(m)*
compass heading

cap d'éloignement *(m)*

outbound heading

cap de rapprochement *(m)*)
inbound heading

cap inverse *(m)*
reciprocal heading

cap magnétique *(m)*
magnetic heading

cap radar *(m)*
radar heading

cap retour *(m)*
inbound heading

cap vers la station *(m)*
inbound heading

cap vrai *(m)*
true heading

capacité *(f)*
capacity

capacité d'emport *(f)*
carrying capacity

capacité d'utilisation de terrains très courts *(f)*
short field operating capacity

capacité du réservoir
tank capacity

capot *(m)*
cowling

capot moteur *(m)*
engine cowling

capotage *(m)*
hood

capote (sous —)
under the hood (vol aux instruments)

capoter *(v)*
to nose over, to overturn

capsule *(f)*
capsule

capsule anéroïde *(f)*
aneroid capsule

capsule barométrique *(f)*
barometric capsule

captation de glace *(f)*
ice accretion

capter *(v)*
to capture, to intercept, to pick up

capteur *(m)*
pick off/up, sensor

capteur aérodynamique *(m)*

air data sensor

capteur de pression *(m)*
pressure transducer

capture *(f)*
capture

carburant *(m)*
fuel

carburant embarqué *(m)*
fuel load

carburateur *(m)*
carburettor

carburateur à niveau constant *(m)*
float type carburettor

carburé
carburetted

carburéacteur *(m)*
jet fuel

cardan *(m)*
gimbal

carénage *(m)*
fairing

carénage de roue *(m)*
wheel spat

carlingue *(f)*
cabin

carnet d'entretien de l'avion *(m)*
aircraft's technical log

carnet de vol *(m)*
pilot's flying logbook

carré *(m)*
square

carte *(f)*
chart, map

carte (lecture de la —)*(f)*
map reading

carte aéronautique *(f)*
aeronautical chart

carte avec courbes isobariques *(f)*
contour chart (météo)

carte d'accès à bord *(f)*
boarding pass

carte d'approche *(f)*
approach chart

carte d'embarquement *(f)*
boarding pass

carte d'atterrissage *(f)*
landing chart

carte de cheminement *(f)*
en route chart

carte de navigation *(f)*
navigational chart

carte de radionavigation *(f)*
nav/rad chart

carte de stagiaire *(f)*
student licence

carte de tracé de navigation *(f)*
plotting chart

carte en altitude *(f)*
upper air chart

carte en relief *(f)*
relief map

carte météo *(f)*
weather map

carte synoptique *(f)*
synoptic chart

carter *(m)*
sump, casing

carter de compresseur *(m)*
compressor casing

carter de retenue *(m)*
blade containment shield

carter de turbine *(m)*
turbine casing

carter moteur *(m)*
crankcase

carter sec *(m)*
dry sump

carter-réservoir *(m)*
wet sump

cartouche *(f)*
cartridge

casier à bagages *(m)*
baggage rack, luggage rack

casque *(m)*
helmet

casque à écouteurs *(m)*
earphones

casque d'écoute *(m)*
headset

casserole (d'hélice)*(f)*
spinner

cassure *(f)*
break (temps), clearance

catabatique

katabatic

catapultage *(m)*
catapulting

catapulte *(f)*
catapult

catégorie *(f)*
category

cavitation *(f)*
cavitation

céder le passage à *(v)*
to give way to

ceinture *(f)*
seat belt

ceinture de pression *(f)*
pressure belt

ceinture de sécurité *(f)*
safety harness, seat belt

célérité du son *(f)*
speed of sound

cellule *(f)*
airframe

celluliste *(m)*
airframe manufacturer

centigrade *(m)*
centigrade

centrage *(m)*
centre of gravity position CG

centrage arrière *(m)*
aft CG

centrage automatique (à —)
self-centring

centrage avant *(m)*
forward CG

centrale *(f)*
onboard computer

centrale aérodynamique *(f)*
air-data computer

centrale de cap *(f)*
gyro magnesyn compass

centrale gyroscopique *(f)*
master reference gyro MRG

centre *(m)*
centre

centre aérodynamique *(m)*
aerodynamic centre

centre d'information de vol *(m)*
flight information centre

centre de contrôle régional CCR *(m)*
area control centre ACC

centre de coordination de sauvetage *(m)*
rescue co-ordination centre RCC

centre de gravité *(m)*
centre of gravity

centre de la circulation aérienne *(m)*
air traffic control centre ATCC

centre de poussée *(m)*
centre of pressure

centre de poussée aérodynamique *(m)*
centre of lift

centrifuge
centrifugal

céramique *(f)*
ceramic

cercle *(m)*
circle

cercle (demi-grand —)*(m)*
semi-great circle

cercle (grand —)*(m)*
great circle

cercle (petit —)*(m)*
small circle

cercle arctique *(m)*
Arctic circle

cercle semi-circulaire *(m)*
semi-great circle

cercles (faire des —)*(v)*
to orbit

cerf-volant *(m)*
kite

certificat d'exploitation *(m)*
R/T licence

certificat de navigabilité *(m)*
certificate of airworthiness C of A

chaîne *(f)*
channel, line (de production), range (montagnes)

chaîne d'assemblage *(f)*
assembly line

chaîne de lacet *(f)*
yaw channel

chaîne de montage *(f)*
assembly line, production line

chaîne de roulis *(f)*
roll channel

chaîne de tangage *(f)*
pitch channel
chaleur *(f)*
heat
chaleur latente *(f)*
latent heat
chaleur spécifique *(f)*
specific heat
chambre (sans —)
tubeless (pneu)
chambre à air *(f)*
inner tube
chambre de combustion *(f)*
combustion chamber
chambre de détente *(f)*
expansion chamber
chambre de tranquillisation *(f)*
plenum chamber
champ *(m)*
field
champ de pesanteur *(m)*
field of gravity
champ de tir *(m)*
firing range
champ de vision extérieure *(m)*
exterior field of view
champ magnétique *(m)*
magnetic field
champ magnétique terrestre *(m)*
earth's magnetic field
chandelle *(f)*
chandelle, zoom
changement *(m)*
change, changing, changeover
changement d'assiette *(m)*
change of attitude
changement d'état *(m)*
change of state
changer *(v)*
to change
changer de réservoir *(v)*
to change tanks
chape *(f)*
tread (pneu)
charge *(f)*
charge, charging (électricité), load,
loading

charge alaire *(f)*
wing loading
charge d'impact *(f)*
shock load
charge de pale *(f)*
blade loading
charge de travail *(f)*
workload
charge électrique *(f)*
electrical charge
charge en rafale *(f)*
gust load
charge marchande *(f)*
payload
charge payante *(f)*
payload
charge thermique *(f)*
thermic load
chargement *(m)*
loading
charges externes *(fpl)*
external stores
chargeur à régime lent *(m)*
trickle charger
chargeur de batterie *(m)*
battery charger
chariot de démarrage *(m)*
starter trolley
chasseur *(m)*
fighter
chasseur d'escorte *(m)*
escort fighter
chasseur de jour *(m)*
day fighter
chasseur de nuit *(m)*
night fighter
chasseur-bombardier *(m)*
fighter-bomber
châssis canon *(m)*
gun pack
châssis-support *(m)*
mounting
chaud
warm
chauffage *(m)*
heating
chauffage solaire *(m)*

solar heating
chauffer *(v)*
to warm, to heat, to overheat (frein, moteur)
chef d'équipe *(m)*
chargehand
chef-moniteur *(m)*
chief instructor
chef-pilote *(m)*
chief pilot
chemin de données *(m)*
data highway
chemin de fer *(m)*
railway
chemin de roulement *(m)*
taxiway
cheminement *(m)*
routeing
chemise de cylindre *(f)*
cylinder lining
chercher *(v)*
to search
cheval de bois *(m)*
ground loop
cheval-vapeur CV *(m)*
horsepower HP
chicane *(f)*
baffle
choisir *(v)*
to choose, to select
choix *(m)*
choice, selection
chronomètre *(m)*
chronometer, stop watch
chronométrer *(v)*
to time
chute *(f)*
fall, drop (régime moteur)
chute de neige *(f)*
snowfall
chute de pluie *(f)*
rainfall
chute de puissance *(f)*
power drop
chute de tension *(f)*
voltage drop
cible *(f)*

target
cible remorquée *(f)*
drogue target
ciel *(m)*
sky
ciel dégagé *(m)*
clear sky
cinématique *(f)*
control linkage
cinémodérivomètre *(m)*
drift meter
cinétique
kinetic
circonférence *(f)*
circumference
circuit (en —)
on
circuit (hors —)
off
circuit *(m)*
circuit
circuit (mettre en —)*(v)*
to switch on
circuit (mettre hors —)*(v)*
to switch off
circuit anémométrique *(m)*
pitot static system
circuit carburant *(m)*
fuel system
circuit d'attente *(m)*
hold, stack
circuit d'extinction d'incendie *(m)*
fire extinguisher system
circuit d'huile *(m)*
oil system
circuit de bord *(m)*
aircraft system
circuit de dégivrage cellule *(m)*
airframe deicing system
circuit de dégivrage réacteur *(m)*
engine deicing system
circuit de freinage *(m)*
braking system
circuit de graissage *(m)*
lubrication system
circuit de mauvais temps *(m)*
bad weather circuit

circuit de piste *(m)*
airfield circuit, traffic pattern, circuit

circuit de refroidissement *(m)*
cooling circuit

circuit en hippodrome *(m)*
racetrack pattern

circuit fermé *(m)*
closed circuit

circuit hydraulique *(m)*
hydraulic circuit

circuit imprimé *(m)*
printed circuit board

circuit intégré *(m)*
integrated circuit

circuit intégré à grande vitesse
CITGV*(m)*
very high speed integrated circuit VHSIC

circuit ouvert *(m)*
open circuit

circuit visuel *(m)*
scan (vol aux instruments)

circulaire
circular

circulaires d'information aéronautique
(fpl)
aeronautical information circulars

circulation *(f)*
circulation, traffic

circulation aérienne *(f)*
air traffic

cirro-cumulus *(m)*
cirro cumulus

cirro-stratus *(m)*
cirro stratus

cirrus *(m)*
cirrus

cisaillement *(m)*
shear

cisaillement du vent *(m)*
wind shear

cité *(f)*
city

civil
civil

clair
clear

clairance *(f)*
clearance

clapet *(m)*
valve

clapet à flotteur *(m)*
float valve

clapet anti-retour *(m)*
non return valve

clapet d'intercommunication *(m)*
crossfeed valve

clapet d'isolement *(m)*
isolating valve

clapet de décharge *(m)*
discharge valve, pressure relief valve

clapet de détente *(m)*
pressure reducing valve

clapet de drainage *(m)*
dump valve

clapet de gonflage *(m)*
air charging valve

clapet de prélèvement *(m)*
bleed valve

clapet de prélèvement d'air cabine *(m)*
cabin air bleed valve

clapet de ralenti *(m)*
slow-running cutout valve

clapet de sécurité *(m)*
relief valve, safety valve

clapet de surpression *(m)*
pressure relief valve

classe (première —)*(f)*
first class

classe affaires *(f)*
business class

classe économique *(f)*
economy class

classe touriste *(f)*
tourist class

clavier *(m)*
keyboard

clé/clef de contact *(f)*
ignition key

clignoter *(v)*
to flash

clignoteur *(m)*
blinker

climat *(m)*
climate

climatisation *(f)*
air conditioning
climatiseur froid *(m)*
cold air unit
climatologie *(f)*
climatology
cliquet *(m)*
ratchet
cloison de décrochage *(f)*
wing fence, boundary layer fence
cloison étanche *(f)*
pressure bulkhead
cloison pare-feu *(f)*
fire wall, fireproof bulkhead
cloquer *(v)*
to crinkle
clôturer *(v)*
to close down (radio)
co-pilote *(m)*
co-pilot
cocarde *(f)*
roundel
coefficient *(m)*
coefficient
coefficient de portance CZ *(m)*
coefficient of lift CL
coefficient de traînée CX *(m)*
coefficient of drag CD
coin (en —)
wedge shaped
col *(m)*
throat, neck
col barométrique *(m)*
col
col de cygne *(m)*
gooseneck
collationner *(v)*
to read back (message)
collecteur *(m)*
manifold
collecteur d'admission *(m)*
induction manifold, inlet manifold
collecteur d'échappement *(m)*
exhaust manifold
collimateur *(m)*
gunsight
collimateur de pilotage *(m)*

head-up display
collimateur tête haute *(m)*
head-up display
colline *(f)*
hill
collision *(f)*
collision
collision en vol *(f)*
mid-air collision
colonne *(f)*
column
combat *(m)*
combat
combat rapproché *(m)*
close combat
combat tournoyant *(m)*
dogfight
combinaison *(f)*
flying suit
combinaison anti-g *(f)*
anti-g suit
combinaison de survie *(f)*
survival suit
combinaison pressurisée *(f)*
pressure suit
combinateur *(m)*
selector switch
combustible *(m)*
fuel
combustible inutilisable *(m)*
unusable fuel
combustion *(f)*
combustion
commandant de bord *(m)*
aircraft commander
commande *(f)*
control
commande à distance *(f)*
remote control
commande assistée *(f)*
power-assisted control
commande d'interdiction *(f)*
override
commande d'orientation de la roue avant *(f)*
nosewheel steering
commande de débit air/carburant *(f)*

air/fuel ratio control unit

commande de démarreur *(f)*
starter switch

commande de direction *(f)*
rudder control

commande de direction de la roulette de nez *(f)*
nose wheel steering

commande de mélange *(f)*
mixture control

commande de pas *(f)*
pitch control

commande de profondeur *(f)*
elevator control

commande de trim *(f)*
trim control

commande de vol électrique *(f)* **CDVE**
fly-by-wire control

commande de vol électrique numérique *(f)*
digital fly-by-wire control

commande manuelle *(f)*
manual control

commande servo-motrice *(f)*
power-assisted control

commandes *(fpl)*
controls

commandes (remettre les — au neutre) *(v)*
to put the controls back to neutral

commandes de vol *(fpl)*
flying controls

commandes libres *(fpl)*
hands-off, controls free

commencer *(v)*
to begin

Commission Internationale de la Navigation Aérienne *(f)*
International Convention of Air Navigation ICAN

communication *(f)*
communication

communication air-sol *(f)*
air-ground communication

communication directe (en —)
coupled

commutateur *(m)*
changeover switch, switch

commutateur d'allumage *(m)*
ignition switch

commutateur de démarreur *(m)*
starter switch

commutation *(f)*
switching

commutatrice *(f)*
inverter

compagnie aérienne *(f)*
airline company

compartiment à bagages *(m)*
baggage compartment

compas *(m)*
compass

compas à pointes sèches *(m)*
dividers

compas de précision *(m)*
landing compass

compas de secours *(m)*
standby compass

compas gyromagnétique *(m)*
gyro magnetic compass

compas gyrosyn *(m)*
gyrosyn compass

compas magnétique *(m)*
magnetic compass

compas répétiteur *(m)*
repeating compass, magnetic compass

compensateur à ressort *(m)*
spring tab

compensateur de direction *(m)*
rudder trim

compensateur de Mach *(m)*
Mach trim

compensateur électrique *(m)*
electric trim

compensation *(f)*
trim, compensation

compensation aileron *(f)*
aileron trim

compensation de compas *(f)*
compass swing

compensation de direction *(f)*
directional trim, rudder trim

compensation de gauchissement *(f)*
lateral trim, aileron trim

compensation de pas *(f)*
pitch compensation

compensation de profondeur *(f)*
elevator trim

compensé
balanced, compensated

compenser *(v)*
to balance, to compensate

compléter *(v)*
to complete

compléter le plein *(v)*
to top up (le réservoir)

comportement *(m)*
behaviour

comportement en piqué *(m)*
dive characteristics

comportement d'un avion *(m)*
behaviour of an aircraft

comporter (se —)*(v)*
to behave

composant *(m)*
component

composante *(f)*
component (des forces)

composante transversale du vent *(f)*
crosswind component

composants liés *(mpl)*
strapdown components

composite
composite

composition *(f)*
composition

comprendre *(v)*
to understand

compresseur *(m)*
compressor

compresseur à deux vitesses *(m)*
two-speed supercharger

compresseur à plusieurs étages *(m)*
multistage supercharger

compresseur à plusieurs vitesses *(m)*
multispeed supercharger

compresseur à un seul étage *(m)*
single-stage compressor

compresseur axial *(m)*
axial compressor

compresseur centrifuge *(m)*

centrifugal compressor

compresseur de suralimentation *(m)*
supercharger

compressibilité *(f)*
compressibility

compressible
compressible

compression *(f)*
compression

comprimable
compressible

comprimer *(v)*
to compress

compte rendu (faire un —)*(v)*
to debrief

compte rendu de position *(m)*
position report

compte-tours *(m)*
RPM gauge, tachometer

computeur *(m)*
computer (navigation)

conception *(f)*
design

conception assistée par ordinateur
CAO *(f)*
computer aided design CAD

conception du poste de pilotage *(f)*
cockpit layout

conception et fabrication assistées par
ordinateur CFAO *(f)*
computer aided design and manufacture
CAD/CAM

condensateur *(m)*
capacitor, condenser

condensation *(f)*
condensation

condenser (se —)*(v)*
to condense

condenseur *(m)*
condenser

condition *(f)*
condition

condition de stabilité manche bloqué *(f)*
stick fixed stability

condition de stabilité manche libre *(f)*
stick free stability

conditionnel

conditional

conditionnement d'air *(m)*
air conditioning

conditions climatiques *(fpl)*
climatic conditions

conditions de vol *(fpl)*
flight conditions

conditions givrantes *(fpl)*
freezing conditions

conditions météo *(fpl)*
weather conditions

conditions météorologiques de vol à vue
(fpl)
visual meteorological conditions VMC

**conditions météorologiques de vol aux
instruments** *(fpl)*
instrument meteorological conditions
IMC

conductance *(f)*
conductance

conducteur *(m)*
conductor

conduction *(f)*
conduction

conductivité *(f)*
conductivity

conduire *(v)*
to conduct

conduit *(m)*
duct

conduite à tenir lorsqu'on est perdu *(f)*
lost procedure

cône avant *(m)*
nose cone

cône d'échappement *(m)*
exhaust cone

cône d'incertitude *(m)*
circle of uncertainty

cône de nez *(m)*
nose cone

cône de silence *(m)*
cone of silence

cône mobile *(m)*
shock cone

configuration *(f)*
configuration

configuration approche *(f)*

approach configuration

configuration atterrissage *(f)*
landing configuration

configuration lisse *(f)*
clean configuration

conformer à (se —) *(v)*
to comply with

congé de raccordement *(m)*
wing fillet

congélation *(f)*
freezing

congeler (se —) *(v)*
to freeze

congère *(f)*
snowdrift

conicité *(f)*
coning angle

connaissance (perdre —) *(v)*
to lose consciousness, to black out

connecter *(v)*
to connect

connecteur *(m)*
connector

connexion *(f)*
connection

conséquence *(f)*
effect, consequence

conservateur de cap *(m)*
direction indicator Dl

conserver un cap *(v)*
to maintain a heading

considérable
considerable, significant

consigne de secours *(f)*
emergency procedure

consignes d'utilisation *(fpl)*
operating instructions

console *(f)*
console

consommable
expendable

consommation *(f)*
consumption

consommation de carburant *(f)*
fuel consumption

consommation spécifique de carburant
CSC *(f)*

specific fuel consumption SFC
constant
constant, uniform
constante de temps *(f)*
time constant
constructeur *(m)*
constructor
construction *(f)*
construction, manufacture
contact *(m)*
contact
contact (mauvais —)*(m)*
loose connection
contact (prendre —)*(v)*
to contact, to make contact
contact radar *(m)*
radar contact
contact visuel (au-delà du —)
beyond visual range
contacter *(v)*
to contact
contacteur à flotteur *(m)*
float switch
contacteur de couple *(m)*
torque switch
contamination *(f)*
contamination
contaminer *(v)*
to contaminate
contenance *(f)*
capacity (réservoir)
conteneur *(m)*
container
conteneur canon *(m)*
gun pack, gun pod
contenu *(m)*
contents
continent *(m)*
continent
continental ·
continental
continuer *(v)*
to continue
contour *(m)*
contour
contraction *(f)*
contraction

contraire *(m)*
opposite, reverse
contrebalancer *(v)*
to counterbalance
contre-azimut *(m)*
back bearing
contre-écrou *(m)*
locknut
contre-mesures électroniques *(fpl)*
electronic countermeasures
contre-plaqué *(m)*
plywood
contre-pression *(f)*
backpressure
contre-tours
contra-rotating
contrecarrer *(v)*
to counteract
contrer *(v)*
to oppose (lacet)
contrôle *(m)*
test (personnel)
contrôle actif *(m)*
active control
contrôle automatique du vol *(m)*
automatic flight control
contrôle avant le vol *(m)*
pre-flight check
contrôle d'accélération moteur *(m)*
engine overspeed governor
contrôle d'aérodrome *(m)*
aerodrome control
contrôle d'approche *(m)*
approach control
contrôle de l'accélération *(m)*
acceleration control unit
contrôle de la circulation aérienne *(m)*
air traffic control
contrôle de qualité *(m)*
quality control
contrôle de température maximum réacteur *(m)*
engine top temperature control
contrôle extérieur *(m)*
external check
contrôle non-destructif *(m)*
non-destructive testing

contrôle par jets des écoulements
tourbillonnaires *(m)*
vortex flow control VFC

contrôle radar *(m)*
radar control

contrôle visuel *(m)*
visual inspection

contrôler *(v)*
to control, to check, to monitor

contrôleur *(m)*
controller

contrôleur au sol *(m)*
ground controller

contrôleur d'altitude *(m)*
altitude control

contrôleur de la circulation aérienne
(m)
air traffic controller

contrôleur de piste *(m)*
runway controller

contrôleur de route *(m)*
heading control

contrôleur radar *(m)*
radar controller

convection *(f)*
convection

conventionnel
conventional

convergence *(f)*
convergence

convergence des méridiens *(f)*
convergency

convergent
convergent

convergent/divergent
convergent/divergent

converger *(v)*
to converge

conversion *(f)*
conversion

convertir *(v)*
to convert

convertisseur *(m)*
inverter

convertisseur d'ozone *(m)*
ozone converter

convertisseur de secours *(m)*
standby inverter

convertisseur numérique-analogique
(m)
digital/analogue converter

convertisseur statique *(m)*
static inverter

coordonnée *(f)*
coordinate

coordonnées géographiques *(fpl)*
geographical co-ordinates

copeaux *(mpl)*
swarf, shavings

coque *(f)*
hull, shell

corde *(f)*
chord, chordline

corde aérodynamique *(f)*
mean aerodynamic chord

corde de profil *(f)*
chord

corde géométrique moyenne *(f)*
mean geometric chord

corde moyenne *(f)*
mean chord

cordeau détonant miniature *(m)*
miniature detonating cord MDC

cordon d'alimentation électrique *(m)*
electricity supply cable

corne de compensation aérodynamique
(f)
horn balance

corps *(m)*
body

corps étranger *(m)*
foreign body, foreign object

correct
correct

correcteur automatique de mélange *(m)*
automatic mixture control

correcteur barométrique *(m)*
barometric pressure control BPC

correction *(f)*
correction

correction de Givry *(f)*
conversion angle

correcteur de mélange *(m)*
mixture control

corridor *(m)*
corridor

corriger *(v)*
to correct

corrosif
corrosive

corrosion *(f)*
corrosion

cosinus *(m)*
cosine

cote *(f)*
dimension, spot height

côte *(f)*
coast, coastline

côté *(m)*
side

côte à côte
side by side

côté du vent *(m)*
windward

côté sur le vent *(m)*
leeward

cotes d'encombrement *(fpl)*
overall dimensions

couche *(f)*
layer

couche d'ozone *(f)*
ozone layer

couche de transition *(f)*
transition layer

couche ionisée *(f)*
ionised layer

couche limite *(f)*
boundary layer

couche nuageuse *(f)*
cloud layer

coucher (se —)*(v)*
to set (soleil, lune)

coucher du soleil *(m)*
sunset

couches inférieures *(fpl)*
lower layers

couloir *(m)*
aisle, corridor

coup au but *(m)*
direct hit

coupé

off

coupe transversale *(f)*
cross section

coupe-tout *(m)*
master switch

couper *(v)*
to switch off, to cut

couper en deux *(v)*
to bisect

couper le moteur *(v)*
to shut down the engine

couper les gaz *(v)*
to close the throttle

couplage inertiel *(m)*
inertia cross coupling

couple *(m)*
torque, couple

couple moteur *(m)*
torque motor

couple thermoélectrique *(m)*
thermocouple

couplemètre *(m)*
torque meter

coupler *(v)*
to couple

coupleur *(m)*
coupler

coupole *(f)*
dome

coups/minute *(mpl)*
rounds per minute

coupure *(f)*
shutdown

coupure moteur *(f)*
engine shutdown

courant (d'air)ascendant *(m)*
upcurrent, updraught

courant (d'air)descendant *(m)*
downcurrent, downdraught

courant *(m)*
current

courant alternatif CA *(m)*
alternating current AC

courant continu CC *(m)*
direct current DC

courant d'air *(m)*
air current

courant électrique *(m)*
electric current

courant jet *(m)*
jetstream

courbe d'étalonnage du compas *(f)*
compass correction curve

courbe de compensation du compas *(f)*
compass correction card (avec courbe)

courbe de niveau *(f)*
contour line

courbe de régulation du compas *(f)*
compass correction curve

courbure *(f)*
curvature

courbure de la terre *(f)*
curvature of the earth

courir à toute allure (nuages) *(v)*
to skud (clouds)

courrier aérien *(m)*
air mail

courroie de ventilateur *(f)*
fan belt

course *(f)*
stroke (piston)

course ascendante *(f)*
upstroke (piston)

course descendante *(f)*
downstroke (piston)

court-circuit *(m)*
short circuit

court-circuiter *(v)*
to short circuit

court-courrier *(m)*
short range aircraft

coussin-parachute *(m)*
seat type parachute

coût d'exploitation *(m)*
operating cost

coût d'utilisation *(m)*
operating cost

coût direct d'exploitation *(m)*
direct operating cost

coût, assurance et fret CAF *(m)*
cost, insurance & freight CIF

couvert
overcast

couverture radar *(f)*
radar cover

couvrir (se —)(de nuages) *(v)*
to cloud over

crachin *(m)*
drizzle

crachiner *(v)*
to drizzle

cran *(m)*
detent, notch

crasher (se —) *(v)*
to crash

créneau *(m)*
strobe marker

créneau d'atterrissage *(m)*
landing slot

créneau de décollage *(m)*
take-off slot

créneau horaire *(m)*
slot time

crépuscule *(m)*
twilight

crépuscule civil *(m)*
civil twilight

crête *(f)*
crest, peak

creusement d'une dépression *(m)*
deepening of a depression

creuser (se —) *(v)*
to contract (capsule)

crique *(f)*
crack

crique capillaire *(f)*
hairline crack

cristal *(m)*
crystal

cristal de glace *(m)*
ice crystal

cristal liquide *(m)*
liquid crystal

cristallin
crystalline

crochet d'appontage *(m)*
arrester hook

crochet de remorquage *(m)*
towing hook

croisière *(f)*
cruise

croisière à altitude constante *(f)*
constant altitude cruise
croisière à régime moteur constant *(f)*
constant power cruise
croisière ascendante *(f)*
cruise climb
croisière descendante *(f)*
cruise descent
croisière économique *(f)*
economical cruise
crosse d'appontage *(f)*
arrester hook
crosse d'arrêt *(f)*
arrester hook
culasse de cylindre *(f)*
cylinder head
culbuteur *(m)*
rocker arm
cumuliforme
cuneiform
cumulo-nimbus *(m)*
cumulonimbus
cumulus *(m)*
cumulus

cumulus congestus *(m)*
heavy cumulus
curseur *(m)*
cursor, airspeed bug
cuvette de graissage *(f)*
oil sump
cycle *(m)*
cycle
cycle à quatre temps *(m)*
four stroke cycle
cycle de démarrage *(m)*
start(ing) cycle
cyclone *(m)*
cyclone
cyclonique
cyclonic
cyclostrophique
cyclostrophic
cylindre *(m)*
cylinder
cylindre de frein *(m)*
brake cylinder
cylindrée *(f)*
cylinder capacity

D

databus *(m)*
 databus

débattement des gouvernes *(m)*
 control deflection

débit *(m)*
 flow, output, rate of flow

débit carburant *(m)*
 fuel flow

débit d'air *(m)*
 air flow

débit de fuite *(m)*
 leak rate

débit massique *(m)*
 mass flow

débitmètre *(m)*
 flowmeter

débitmètre carburant *(m)*
 fuel flowmeter

déblocage rapide *(m)*
 quick release

débloquer *(v)*
 to undo

déboîter *(v)*
 to disconnect

débordement *(m)*
 overflow, overflowing

déborder *(v)*
 to overflow

débranchement *(m)*
 disconnection

débrancher *(v)*
 to disconnect, to unplug

débrayage rapide *(m)*
 quick release

débrayer *(v)*
 to disengage

debriefing *(m)*
 debriefing

début *(m)*
 onset, start

décalage *(m)*
 displacement, offset

décalage de temps *(m)*
 time shift

décalage horaire *(m)*
 time shift

décalé
 offset

décaler (se —) *(v)*
 to move (système de pression)

décaler *(v)*
 to displace, to offset

décapuchonner *(v)*
 to remove the cover from (tête de pitot)

décélération *(f)*
 deceleration

décélérer *(v)*
 to decelerate

décharge *(f)*
 discharge

décharge électrique *(f)*
 electrical discharge

décibel *(m)*
 decibel

déclenchement *(m)*
 trigger action (orage)

déclencher *(v)*
 to trigger (off), to release, to set off

déclic *(m)*
 trigger (mécanisme)

déclinaison magnétique *(f)*
 variation

déclivité de la piste *(f)*
 runway slope

décodeur *(m)*
 decoder

décollage *(m)*
 take-off

décollage abandonné *(m)*
 abandoned take-off

décollage assisté par fusée *(m)*
 rocket assisted take-off

décollage aux instruments *(m)*
 instrument take-off

décollage interrompu *(m)*
 abandoned take-off

décollage vent de travers *(m)*
 crosswind take-off

décollé
 airborne

décollement *(m)*
 breakaway, separation

décollement de la couche limite *(m)*

boundary layer separation
décoller *(v)*
 to take-off, to unstick
décoller la roulette de nez *(v)*
 to ease the nosewheel off
décollage sur alerte *(m)*
 scramble
déconnecter *(v)*
 to disconnect
découvrir (se —) *(v)*
 to clear up (temps)
décrasser les bougies *(v)*
 to clean the plugs
décrochage (caractéristiques de —) *(fpl)*
 stalling characteristics
décrochage *(m)*
 stall, stalling
décrochage (signe précurseur de —)*(m)*
 stall warning
décrochage (sortie de —) *(f)*
 stall recovery
décrochage de l'extrémité *(m)*
 tip stall
décrochage de l'extrémité d'aile *(m)*
 wingtip stall
décrochement *(m)*
 wing fencing
décrocher (se —)*(v)*
 to break away (écoulement de l'air)
décrocher *(v)*
 to stall, to unhook (parachute de queue)
décroître *(v)*
 to decrease (pression)
dédouanement *(m)*
 customs clearance
défaillance *(f)*
 mechanical breakdown, mechanical
 failure
défaillance d'un élément de structure *(f)*
 structural failure
défaillance en fatigue *(f)*
 fatigue failure
défaut *(m)*
 defect
défectueux
 defective
défense *(f)*

defence
défense aérienne *(f)*
 air defence
défense de l'avant *(f)*
 forward defence
défilé aérien *(m)*
 flypast
déflexion *(f)*
 deflection, downwash
déflexion vers le haut *(f)*
 upwash
déformation *(f)*
 deformation
dégagement *(m)*
 peel off, emission (gaz) break-off,
 breakaway
dégager (se —)*(v)*
 to clear up (temps)
dégager *(v)*
 to clear, to give off, to release
dégager de la fumée *(v)*
 to trail smoke
dégel *(m)*
 thaw
dégeler *(v)*
 to thaw
dégivrage *(m)*
 de-icing
dégivrage réacteur *(m)*
 engine anti-ice
dégivrer *(v)*
 to de-ice
dégivreur d'hélice *(m)*
 propeller de-icer
dégivreur pneumatique *(m)*
 de-icer boot
dégonflement *(m)*
 deflation
dégonfler *(v)*
 to deflate
degré *(m)*
 degree
degré Celcius *(m)*
 degree centigrade/Celcius
degré Fahrenheit *(m)*
 degree Fahrenheit
délai *(m)*

délai

délai de mise en œuvre *(m)*
turnround time

délais d'escale *(mpl)*
turnround time (en route)

délestage *(m)*
jettisoning, load shedding

délester *(v)*
to jettison

deltaplane *(m)*
hang glider

déluge *(m)*
downpour

déluge de pluie *(m)*
cloudburst

démagnétiser *(v)*
to demagnetise

demande (sur —)
on request

demander *(v)*
to request

démarrage *(m)*
starting, start up

démarrage à air comprimé *(m)*
compressed air start

démarrage autonome *(m)*
self-starting

démarrage avec surchauffe *(m)*
hot start

démarrage manqué *(m)*
failure to start

démarrer *(v)*
to start, to start up

démarrer le moteur à la main *(v)*
to start the engine by hand

démarreur *(m)*
starter

démarreur à air comprimé *(m)*
compressed air starter

démarreur à cartouche *(m)*
cartridge starter

démarreur à inertie *(m)*
inertia starter

démarreur à main *(m)*
hand starter

démarreur de piste *(m)*
ground starting unit

démarreur électrique *(m)*
electric starter

demi-arbre *(m)*
halfshaft

demi-tonneau *(m)*
half roll

demi-tour (faire —) *(v)*
to turnback (180°)

démonstration en vol *(f)*
flying display

démonter *(v)*
to remove, to dismantle

démultiplicateur *(m)*
reduction gear

dénébulateur *(m)*
fog dispersal device

dénébulation *(f)*
fog dispersal

déneigement *(m)*
snow clearance

déneiger *(v)*
to clear the snow from

dénivelé *(m)*
difference in height

dénivelée *(f)*
difference in height (between aircraft and target)

densité *(f)*
density, relative density (specific gravity)

densité (haute —) *(f)*
high density (configuration)

dent de scie *(f)*
sawtooth

dentelé
serrated

dentelure *(f)*
serration

dépannage *(m)*
repair, repairing

dépannage d'urgence *(m)*
emergency repair

dépanner (v)
to repair, to fix

départ *(m)*
departure

départ normalisé aux instruments *(m)*
standard instrument departure SID

dépassement *(m)*
overshoot, overshooting, overtaking
dépasser *(v)*
to overtake, to overshoot, to overrun
déperditeur électrostatique *(m)*
static wick
déphasage de la commande du pas
cyclique *(m)*
cyclic control advance
déphasé
out of phase
déplacement *(m)*
displacement
déplacement horizontal *(m)*
horizontal motion
déplacer (se —)*(v)*
to travel, to move (système de pression)
déplacer *(v)*
to displace
déploiement (parachute)*(m)*
streaming, deployment
déporter *(v)*
to carry off course
déporteur *(m)*
spoiler, lift dumper
déposer *(v)*
to remove, to take out, to take down
déposer un plan de vol *(v)*
to file a flight plan
dépôt *(m)*
deposit, accretion, sediment, submission
(plan de vol)
dépôt de glace *(m)*
ice deposit
dépouillement *(m)*
analysis
dépressiomètre *(m)*
suction (vacuum) gauge
dépression *(f)*
suction, depression (météo)
dépression d'alimentation *(f)*
suction supply
dépression secondaire *(f)*
secondary depression
dépressurisation *(f)*
depressurisation
dépressuriser *(v)*

to depressurise
dérapage *(m)*
skid, skidding
déraper *(v)*
to skid
déréglementation *(f)*
deregulation
dérivation *(f)*
bypass
dérive *(f)*
fin, vertical stabiliser, drift, wander
dérivé *(m)*
derivative (produit)
dérivée *(f)*
derivative
dériver *(v)*
to drift, to wander
dérivomètre *(m)*
drift sight
dérouleur de carte *(m)*
moving map display
déroutement *(m)*
diversion
dérouter *(v)*
to divert
désaccord *(m)*
misalignment
désagrégation *(f)*
breaking up, disintegration
désagréger (se —)*(v)*
to break up, to disintegrate
désaimantation *(f)*
demagnetisation
désaimanter *(v)*
to demagnetise
désalignement *(m)*
misalignment
désaxé
unbalanced, out-of-true
descendant
descending
descendre *(v)*
to descend, to letdown
descendre en vrille *(v)*
to spin
descente (en —)
descending

descente *(f)*
descent, letdown

descente (faible pente de —)*(f)*
shallow descent

descente (taux de —)*(m)*
rate of descent

descente d'urgence *(f)*
emergency descent

descente de secours *(f)*
emergency descent

descente du train *(f)*
undercarriage lowering

descente en vol plané *(f)*
glide descent

descente en vrille *(f)*
spinning

descente moteur coupé *(f)*
descent without power

descente opérationnelle *(f)*
maximum rate descent, operational
descent

descente rapide *(f)*
rapid descent, fast descent

désembuage *(m)*
demisting

désembuer *(v)*
to demist

désert *(m)*
desert

désintégration *(f)*
disintegration, decay (météo)

désintégrer (se —)*(v)*
to disintegrate

desserrer (se —)*(v)*
to work loose

desserrer *(v)*
to slacken, to slacken off, to loosen, to
undo

desserte *(f)*
transport service

dessinateur *(m)*
designer, draughtsman

dessinatrice *(f)*
designer, draughtswoman

dessus (au — de la tête)
overhead

dessus (au — de)
above

**dessus (au — du niveau moyen de la
mer)**
above mean sea level

dessus (au — du sol)
above ground level

déstabilisateur
destabilising

destination *(f)*
destination

déstockage *(m)*
deinhibiting

déstocker *(v)*
to deinhibit (moteur)

désynchroniser *(v)*
to desynchronise

détachement *(m)*
detachment

détail topographique *(m)*
topographical feature

détarage *(m)*
derating

détaré
derated

détarer *(v)*
to derate

détecteur d'anomalies magnétiques *(m)*
magnetic anomaly detector MAD

détecter *(v)*
to detect

détecteur *(m)*
detector, detector unit (compas)

détecteur d'incendie *(m)*
fire detector

détecteur de cibles mobiles *(m)*
moving target indicator system

détecteur de flamme *(m)*
flame detector

détecteur de givrage *(m)*
ice detector

détection *(f)*
detection, sensing

détection d'incendie *(f)*
fire detection

détection et identification lointaines *(f)*
airborne early warning system

détente *(f)*

reduction in pressure, expansion, trigger
(fusil)
détérioration *(f)*
deterioration
détériorer (se —)*(v)*
to deteriorate
déterminer *(v)*
to plot (route)
détonation *(f)*
detonation
détournement *(m)*
diversion, rerouteing, hijacking
détourner *(v)*
to divert, to reroute, to hijack
détresse *(f)*
distress
déverrouillage *(m)*
unlocking
déverrouillage de secours *(m)*
emergency release
déverrouiller *(v)*
to unlock
déviateur *(m)*
deflector
déviation *(f)*
deviation, deflection
dévier *(v)*
to deviate, to deflect
dévirage *(m)*
unfeathering in flight, pitch reversal
dévirer *(v)*
to unfeather
**devis de poids et message de
chargement** *(m)*
load sheet
diablotins *(mpl)*
scud (nuages)
diabolo *(m)*
undercarriage bogie
diagramme polaire *(m)*
polar diagram
diamètre *(m)*
diameter
diaphragme *(m)*
diaphragm
dièdre négatif *(m)*
anhedral

dièdre positif *(m)*
dihedral
différence de potentiel *(f)*
potential difference
différence de pression *(f)*
pressure difference
différentiel de pression *(m)*
pressure differential
diffuseur *(m)*
diffuser, choke tube
digital
digital
digitaliser *(v)*
to digitise
dilatation *(f)*
expansion
dilater *(v)*
to expand
dilution d'huile *(f)*
oil dilution
dimension *(f)*
dimension
dimensions *(fpl)*
size, dimensions
dimensions hors-tout *(fpl)*
overall dimensions
diminuant
decreasing
diminuer *(v)*
to decrease
diminution *(f)*
decrease (de pression)
diode *(f)*
diode
directeur de vol *(m)*
flight director
direction (en — est)
eastbound
direction (en — nord)
northbound
direction (en — ouest)
westbound
direction (en — sud)
southbound
direction *(f)*
direction
direction (gouverne de —)*(f)*

rudder (control)

direction à fond contre la vrille *(f)*
full opposite rudder

direction avec la vrille *(f)*
pro-spin rudder

direction contre la vrille *(f)*
anti-spin rudder, opposite rudder

direction du vent *(f)*
wind direction

direction opposée *(f)*
opposite rudder

directionnel *(m)*
direction indicator DI

dirigeable *(m)*
airship

dirigeable rigide *(m)*
rigid airship

dirigeable semi-rigide *(m)*
semi-rigid airship

dirigeable souple *(m)*
non-rigid airship

diriger (se — vers) *(v)*
to proceed to, to home onto

discrétion *(f)*
discretion

disjoncteur *(m)*
circuit breaker

disparition *(f)*
decay, disappearance

disperser (se —) *(v)*
to thin out

disperser *(v)*
to disperse, to scatter

disponibilité *(f)*
serviceability, availability

disponible
serviceable, available

dispositif anti-dérapage *(m)*
anti-skid unit

dispositif anti-dérapant *(m)*
anti-skid unit

dispositif anti-dérapant Maxaret *(m)*
Maxaret anti-skid unit

dispositif avertisseur de vitesse *(m)*
speed warning device

dispositif d'approche *(m)*
approach aid

dispositif d'injection au démarrage *(m)*
engine primer

dispositif de blocage *(m)*
caging device

dispositif de centrage *(m)*
centring device

dispositif de mesure distance *(m)*
distance measuring equipment DME

dispositif de sécurité *(m)*
safety device

dispositif de sensation musculaire *(m)*
artificial feel unit

disque balayé *(m)*
disc area

disque de frein *(m)*
brake disc

disque de turbine *(m)*
turbine disc

disque rotor *(m)*
rotor disc

disque souple *(m)*
floppy disk

disquette *(f)*
floppy disk

dissipation *(f)*
clearing (brouillard)

dissiper (se —) *(v)*
to lift, to dissipate

dissuasion *(f)*
deterrent

dissymétrique
asymmetric

distance *(f)*
distance

distance accélération-arrêt DAA *(f)*
accelerate-stop distance, emergency distance (dans certains manuels de vol britanniques)

distance accélération-arrêt utilisable *(f)*
take-off distance available

distance à l'atterrissage *(f)*
landing distance

distance d'arrêt *(f)*
stopping distance

distance d'atterrissage disponible *(f)*
landing distance available

distance d'envol *(f)*

unstick distance

distance de décollage *(f)* take-off
distance

distance de plané *(f)*
gliding distance

distance de roulement au décollage *(f)*
take-off run

distance de sauvetage *(f)*
stand-off distance

distance franchissable *(f)*
aircraft's range

distance parcourue *(f)*
distance covered

distorsion *(f)*
distortion

distributeur *(m)*
distributor

distribution *(f)*
distribution

diurne
diurnal

divergence *(f)*
divergence

divergent
divergent

divergent *(m)*
divergent nozzle

documentation *(f)*
documentation

domaine de vol *(m)*
flight envelope

domaine transsonique *(m)*
transonic regime

domestique
domestic

dommage venant d'objets étrangers *(m)*
foreign object damage FOD

donnée *(f)*
datum

données *(fpl)*
data

donner des consignes à *(v)*
to give instructions to, to brief

donner naissance à *(v)*
to induce

dorsal
dorsal

dorsale barométrique *(f)*
ridge of high pressure

dosage *(m)*
metering

doser *(v)*
to meter

doter *(v)*
to equip

douane *(f)*
Customs & Excise

double
dual, double

doublé
duplicated

double commande *(f)*
dual control

douille *(f)*
socket

drapeau (en —)
feathered

drapeau *(m)*
flag (indicator)

drapeau (mettre en —)*(v)*
to feather

drapeau (mise en — automatique)*(f)*
auto-feathering

drapeau (mise en —)*(f)*
feathering

droit
right, starboard

droit (tout —)
straight ahead

droit aérien *(m)*
aviation law, air law

droite (à main —)
right hand

droite (en ligne —)
in a straight line

droite *(f)*
right hand side

drone *(m)*
drone

durabilité *(f)*
durability

durée d'escale *(f)*
stopover time

durée de stockage *(f)*

durée de vie
dyne

shelf life

durée de vie en fatigue *(f)*
fatigue life

durée de vol *(f)*
flying time

durée entre révisions *(f)*
time between overhauls TBO

dynamique

dynamic

dynamique *(f)*
dynamics

dynamo/démarreur *(f)*
starter/generator

dyne *(f)*
dyne

E

eau *(f)*
water

eau méthanol *(f)*
water/methanol

éblouissement *(m)*
dazzle

écart *(m)*
difference, divergence

écart par rapport au faisceau *(m)*
divergence from the centreline

écarter de (s' —) *(v)*
to move away from, to diverge

échantillon *(m)*
sample

échangeur de chaleur *(m)*
heat exchanger

échantillonnage *(m)*
sampling

échantillonner *(v)*
to sample

échappement *(m)*
exhaust

échauffement *(m)*
heating

échauffement adiabatique *(m)*
adiabatic heating

échauffement cinétique *(m)*
kinetic heating

échelle *(f)*
scale

échelle Beaufort *(f)*
Beaufort scale

échelle centigrade *(f)*
centigrade scale

échelle de lisibilité *(f)*
readability scale

échelle des vents *(f)*
wind scale

échelle du temps *(f)*
time scale

échelle Fahrenheit *(f)*
Fahrenheit scale

échelon refusé *(m)*
echelon formation

échelon refusé à droite *(m)*
echelon starboard

échelon refusé à gauche *(m)*
echelon port

écho *(m)*
echo

écho de sol *(m)*
ground return

écho radar *(m)*
radar echo

échos *(mpl)*
clutter

échos fixes *(mpl)*
permanent echoes

échos météo *(mpl)*
weather clutter

éclair *(m)*
flash of lightning, lightning

éclairage *(m)*
lighting

éclairage d'issues *(m)*
exit lighting

éclairage de secours *(m)*
emergency lighting

éclairage du poste de pilotage *(m)*
cockpit lighting

éclairage tableau de bord *(m)*
instrument lighting

éclaircie *(f)*
bright period, sunny spell

éclaircir (s' —) *(v)*
to clear up, to brighten up

éclairé
lighted

éclairé (non —)
unlighted

éclat *(m)*
brightness, brilliance, brilliancy

éclat *(m)*
flashing light

écolage *(m)*
schooling

école de début *(f)*
'ab initio' training school

école de formation préliminaire *(f)*
basic training school

école de perfectionnement *(f)*
advanced flying school

école de pilotage *(f)*

flying school

école de pilotage élémentaire *(f)*
elementary flying training school

économie *(f)*
economy

économique
economical

écope *(f)*
scoop

écorché *(m)*
sectional view, cutaway drawing

écoulement *(m)*
flow, stream

écoulement axial *(m)*
axial flow

écoulement d'air *(m)*
airflow, airstream

écoulement inversé *(m)*
reverse flow

écoulement laminaire *(m)*
laminar flow

écoulement libre *(m)*
free stream

écoulement transsonique *(m)*
transonic flow

écoulement turbulent *(m)*
turbulent flow

écoute (garder l' —) *(v)*
to listen out

écoute permanente *(f)*
listening watch

écouter *(v)*
to listen

écouteur *(m)*
headset, earphones

écran *(m)*
screen

écran cartographique *(m)*
map display

écran de visualisation *(m)*
visual display unit VDU

écran multifonction *(m)*
multifunction display

écran radar *(m)*
radar screen

écraser (s' — au sol) *(v)*
to crash

écrou *(m)*
nut

écrou de blocage *(m)*
locknut

effacer (s' —) *(v)*
to fade out

effectuer *(v)*
to carry out

effectuer une percée *(v)*
to carry out a letdown, to recover

effet *(m)*
effect

effet Coanda *(m)*
Coanda effect

effet d'aspiration *(m)*
syphoning

effet de Föhn *(m)*
Föhn effect

effet de nuit *(m)*
night effect

effet de sol *(m)*
ground effect

effet Doppler *(m)*
Doppler effect

effet dynamique *(m)*
ram effect

efficace
effective

efficacité *(f)*
effectiveness, efficiency

effilé
tapered

effondrer (s' —) *(v)*
to collapse

effort *(m)*
effort, stress, strain

effort au manche *(m)*
stick force

égaliser *(v)*
to equalise

éjecter (s' —) *(v)*
to eject

éjection *(f)*
ejection

élasticité *(f)*
elasticity

électricité *(f)*

electricity
électricien *(m)*
electrician
électricité statique *(f)*
static electricity
électrique
electric, electrical
électro-aimant *(m)*
electro-magnet
électro-cardiogramme *(m)*
electro-cardiogram
électro-clapet *(m)*
solenoid valve
électro-optique
electro-optical
électrode *(f)*
electrode
électrolyte *(m)*
electrolyte
électromagnétique
electro-magnetic
électromécanique
electro-mechanical
électron *(m)*
electron
électronicien *(m)*
electronics manufacturer
électronique
electronic
électronique *(f)*
electronics
élément *(m)*
element, cell (pile)
élément fini *(m)*
finite element
élément sensible *(m)*
sensitive element
élévation *(f)*)
elevation, height, rise (température)
élevé
high
élève-pilote *(m)*
student pilot
élever (s' —) *(v)*
to rise (vent), to ascend
élevon *(m)*
elevon

élingue *(f)*
sling (hélicoptère)
éloigner (s' — de) *(v)*
to move away from
emballement *(m)*
overspeed
emballer (s' —) *(v)*
to race (moteur), to overspeed (moteur)
embardée *(f)*
swing, yaw
embarqué
carrier borne
embarquement aérien *(m)*
emplaning
embarquer en avion *(v)*
to emplane
embrayage *(m)*
clutch
embrayage à poudre *(m)*
magnetic clutch
embrayage du pilote automatique *(m)*
autopilot engagement
embrayer *(v)*
to engage
embrun *(m)*
spray
embrun salin *(m)*
salt spray
émetteur *(m)*
transmitter
émetteur radio *(m)*
radio transmitter
émetteur-récepteur *(m)*
transceiver
émettre *(v)*
to transmit
émission *(f)*
transmission, broadcast
empattement *(m)*
wheel base
empennage *(m)*
empennage, tailplane
empennage à poutre *(m)*
tail boom
empennage en T *(m)*
T-tail
empennage horizontal *(m)*

horizontal stabiliser

empennage papillon *(m)*
butterfly tail

empiler *(v)*
to stack (circuit d'attente)

emplanture *(f)*
wing root

enclenchement *(m)*
interlock, engagement

enclencher *(v)*
to interlock, to engage, to actuate

enclume *(f)*
anvil head

encoche *(f)*
detent, notch

encrassage des bougies *(m)*
fouling of the plugs

endurance en fatigue *(f)*
fatigue life

énergie *(f)*
energy

énergie (haute —) *(f)*
high energy

énergie cinétique *(f)*
kinetic energy

énergie potentielle *(f)*
potential energy

énergie solaire *(f)*
solar energy

enficher *(v)*
to plug in

enfreindre *(v)*
to infringe

engin *(m)*
machine instrument, tool, missile

engin air-air *(m)*
air-to-air missile

engin air-sol *(m)*
air-to-ground missile

engin téléguidé *(m)*
remotely piloted vehicle RPV

enlever les cales *(v)*
to take the chocks away

enquête *(f)*
investigation, inquiry

enregistrement (comptoir d' —) *(m)*
check-in desk

enregistrement *(m)*
check-in

enregistrer *(v)*
to record

enregistreur *(m)*
recorder

enregistreur à bande magnétique *(m)*
magnetic tape-recorder

enregistreur d'accident *(m)*
crash recorder

enregistreur de conversation *(m)*
voice recorder

enregistreur de vol *(m)*
flight recorder

enrichir le mélange *(v)*
to enrich the mixture

ensoleillé
sunny

entasser (s' —) *(v)*
to drift (neige)

entoilage *(m)*
fabric

entoilé
fabric covered

entraînement *(m)*
drive, driving, training

entraînement à vitesse constante *(m)*
constant speed unit CSU

entraînement au premier degré *(m)*
basic training

entraînement mécanique *(m)*
mechanical drive

entraîner *(v)*
to drive, to train

entraîneur au vol *(m)*
link trainer

entrée *(f)*
entry, inlet, intake, input

entrée d'air *(f)*
air intake

entrée d'air variable *(f)*
variable geometry intake

entrer *(v)*
to enter

entretenir *(v)*
to maintain, to service

entretien *(m)*

servicing, maintenance

entretien courant *(m)*
routine servicing

entretien majeur *(m)*
major servicing

envergure (dans le sens de l' —)
span-wise

envergure *(f)*
span

envol *(m)*
unstick, moment of take-off

envoler (s' —)*(v)*
to unstick, to take-off

épais
thick

épaisseur *(f)*
thickness, depth

épandage aérien *(m)*
aerial spraying, crop spraying

épars
scattered (nuages)

épreuve *(f)*
test, test run

épreuve écrite *(f)*
written examination

éprouver *(v)*
to test

équateur *(m)*
equator

équateur magnétique *(m)*
magnetic equator

équatorial
equatorial

équilibrage *(m)*
balancing, trimming

équilibre *(m)*
balance, equilibrium

équilibrer *(v)*
to balance

équipage *(m)*
crew

équipage à deux *(m)*
two-crew operation

équipage avion *(m)*
aircrew, aircraft's crew

équipé de
fitted with

équipement vocal pour aéronef *(m)*
voice command system

équipementier *(m)*
equipment manufacturer

équipements accessoires *(mpl)*
ancillary equipment

équipement de survie *(m)*
survival equipment

équipements électriques non indispensables *(mpl)*
non-essential electrics

équivalent horizontal *(m)*
horizontal equivalent

érecteur *(m)*
erection system

érection *(f)*
erection

érection rapide *(f)*
fast erection

ergonomie *(f)*
ergonomics

ergot *(m)*
lug catch,

errance *(f)*
wander

erreur *(f)*
error

erreur de faux nord *(f)*
acceleration error

erreur de position *(f)*
position error

erreur de route *(f)*
track error

erreur de statique *(f)*
static pressure error

erreur de virage *(f)*
turning error

erreur instrumentale *(f)*
instrument error

erreurs quadrantales *(fpl)*
quadrantal error

erroné
erroneous

escadre *(f)*
wing (aviation militaire)

escadrille *(f)*
flight

escadron *(m)*
squadron
escale *(f)*
stop, stopover
escale (faire — à) *(v)*
to stop at
escale de transit *(f)*
transit stop
escale technique *(f)*
refuelling stop
escalier d'accès *(m)*
access steps
escamotable
retractable
escamotage *(m)*
retraction
escamotage du train *(m)*
undercarriage retraction
escamoter *(v)*
to retract
espace *(m)*
space
espace aérien *(m)*
airspace
espace aérien à service consultatif *(m)*
advisory airspace
espace aérien contrôlé *(m)*
controlled airspace
espace aérien contrôlé (hors de l' —)
outside controlled airspace
espace aérien inférieur *(m)*
lower airspace
espace aérien non-contrôlé *(m)*
uncontrolled airspace
espace aérien supérieur *(m)*
upper airspace
espace intersidéral *(m)*
outer space
espacement *(m)*
spacing
espacement latéral *(m)*
lateral separation
espacement longitudinal *(m)*
longitudinal separation
espacement vertical *(m)*
vertical separation
essai *(m)*

test
essai d'alarme incendie *(m)*
fire warning 'press to test'
essai de fatigue *(m)*
fatigue test
essai de réception *(m)*
acceptance test
essai de rentrée *(m)*
retraction test
essai en pression *(m)*
pressure test
essai en vol *(m)*
flight test
essai fonctionnel *(m)*
functional check
essai non-destructif *(m)*
non destructive test
essai statique *(m)*
static test
essais tropicaux *(mpl)*
tropical trials
essence *(f)*
petrol
essence aviation *(f)*
aviation gasoline, aviation fuel
essieu *(m)*
axle
essuie-glace *(m)*
windscreen wiper
est (d' —)
easterly
estimation *(f)*
estimation
estime *(f)*
dead reckoning
estimer *(v)*
to estimate
estival
summer (adjectif)
établir *(v)*
to establish
étage *(m)*
stage
étalonnage des aides radios *(m)*
radio aid calibration
étalonné
calibrated

étalonner *(v)*
 to calibrate
étape *(f)*
 stage, leg
étape de base *(f)*
 base leg
étape de ravitaillement *(f)*
 refuelling stop
état (en — de marche)
 in working order, serviceable
état *(m)*
 state, condition
état (remettre en —)*(v)*
 to refurbish
état (remise en —)*(f)*
 refurbishing
état de charge *(m)*
 load sheet
état de saturation *(m)*
 saturated state
état solide *(m)*
 solid state
été (d' —)
 summer
été *(m)*
 summer
éteindre *(v)*
 to switch off, to extinguish
éteint (être —)*(v)*
 to be off (électricité)
étendre *(v)*
 to extend
étendu
 widespread (brouillard)
étendue *(f)*
 extent, duration
étincelle *(f)*
 spark
étoile *(f)*
 star
étouffoir *(m)*
 mixture cut-off
étranglement *(m)*
 constriction
évacuer *(v)*
 to evacuate, to purge (système)
évacuer l'avion *(v)*

 to abandon the aircraft
évaluation *(f)*
 evaluation, estimation
évaluer *(v)*
 to evaluate, to assess
évanouir (s' —)*(v)*
 to black out
évanouissement *(m)*
 blacking out
évaporer (s' —)*(v)*
 to evaporate
évaporisation *(f)*
 evaporation
évasion *(f)*
 evasion
évitement de justesse *(m)*
 near miss
évitement de terrain *(m)*
 terrain clearance
éviter *(v)*
 to avoid, to evade
évolution en fonction du temps *(f)*
 time history
exactitude *(f)*
 accuracy
examen médical *(m)*
 medical examination
examinateur qualifié *(m)*
 qualified examiner
excédent *(m)*
 excess
excitateur *(m)*
 executor
exciter *(v)*
 to excite, to energise
exécuter *(v)*
 to execute, to carry out
exécuter en urgence *(v)*
 to expedite
exercer *(v)*
 to exert
exercice *(m)*
 excrcise, practice
exosphère *(f)*
 exosphere
expansion *(f)*
 expansion

expérience *(f)*
experiment, experience

expérience (faire une —) *(v)*
to experiment

expérimentation *(f)*
experimentation

expérimenter *(v)*
to test

exploitant *(m)*
operator

exploitation *(f)*
working, operating

exploitation à un seul pilote *(f)*
single-pilot operation

exploiter *(v)*
to operate, to run

explosion *(f)*
explosion

exposé *(m)*
talk

extension domaine de tir *(f)*
extended firing envelope

extensomètre *(m)*
strain gauge

extérieur
outboard, outer, exterior

externe
external, outer

extincteur *(m)*
fire bottle, extinguisher

extinction *(f)*
extinction, flame out (réacteur)

extinction de moteur *(f)*
engine shutdown

extrados *(m)*
upper wing surface

extrémité d'aile *(f)*
wing tip

F

fabricant *(m)*
 manufacturer
fabrication *(f)*
 manufacture
fabrication assistée par ordinateur
FAO *(f)*
 computer-aided manufacture CAM
fabriquer *(v)*
 to manufacture
facilité d'accès *(f)*
 accessibility
facteur de charge *(m)*
 load factor, 'g' loading
facteur de sécurité *(m)*
 safety factor
facteurs humains *(mpl)*
 human factors
fading *(m)*
 fading
faible
 light (vent), weak (signal), sluggish, low
faisceau *(m)*
 beam
faisceau glide *(m)*
 glideslope beam
faisceau inverse *(m)*
 backbeam
faisceau localiser *(m)*
 localiser beam
familiarisation *(f)*
 familiarisation
fatigue *(f)*
 fatigue
fauchage *(m)*
 grass cutting
faux, fausse
 spurious, false
fendillement *(m)*
 crazing
fenestron *(m)*
 fenestron, ducted anti-torque rotor,
 ducted tail rotor, shrouded tail rotor/fan
fente *(f)*
 slot
fermé
 closed

fermé à fond
 fully closed
fermer *(v)*
 to close
ferreux
 ferrous
fête aéronautique *(f)*
 air display
feu *(m)*
 fire, light
feu à éclats *(m)*
 flashing light
feu à éclats blancs *(m)*
 strobe light
feu à occultations *(m)*
 occulting light
feu aéronautique *(m)*
 aeronautical light
feu aéronautique au sol *(m)*
 ground navigation light
feu anticollision *(m)*
 anti-collision light
feu arrière *(m)*
 tail light
feu clignotant *(m)*
 flashing light
feu continu *(m)*
 steady light
feu d'atterrissage *(m)*
 landing light
feu d'obstacle *(m)*
 obstruction light
feu de délimitation *(m)*
 boundary light
feu de navigation *(m)*
 navigation light
feu de seuil *(m)*
 threshold light
feu fixe *(m)*
 steady light
feu moteur *(m)*
 engine fire
feu rouge *(m)*
 red light
feu vert *(m)*
 green light
feuille *(f)*

sheet (carte)

feuille de centrage *(f)*
balance chart

feuille morte *(f)*
falling leaf

fiabilité *(f)*
reliability

fiable
reliable

fibre de carbone *(f)*
carbon fibre

fibre de verre *(f)*
glass fibre

fibres optiques *(fpl)*
fibre optics

fibreux
fibrous

fiche *(f)*
plug

fiche intermédiaire *(f)*
adapter plug

fiche multiple *(f)*
adapter plug

fidélité *(f)*
accuracy, reliability

fil *(m)*
wire

fil de masse *(m)*
earth wire

fil-frein *(m)*
locking wire

filet d'arrêt *(m)*
arrester net

filtré
filtered

filtre *(m)*
filter

filtré (non —)
unfiltered

filtre à air *(m)*
air filter

filtre à huile *(m)*
oil filter

filtre carburant *(m)*
fuel filter

filtre de pression *(m)*
pressure filter

filtrer *(v)*
to filter

finesse *(f)*
fineness, sensitivity

finesse aérodynamique *(f)*
lift/drag ratio

fixité dans l'espace *(f)*
rigidity in space

flamme *(f)*
flame

flèche arrière *(f)*
sweepback

flèche avant *(f)*
sweep forward

fléchissement *(m)*
flexing

flettner *(m)*
trim tab

flettner de contre-équilibrage *(m)*
anti-balance tab

fleuve *(m)*
river

flexion *(f)*
flexing

flocon de neige *(m)*
snowflake

flottabilité *(f)*
buoyancy

flotte *(f)*
fleet

flottement *(m)*
flutter, float (pendant l'atterrissage)

flotteur *(m)*
float (hydravion)

fluage *(m)*
creep (métal)

fluctuation *(f)*
fluctuation

fluctuer *(v)*
to fluctuate

fluide *(m)*
fluid

fluide hydraulique *(m)*
hydraulic fluid

fluorescéine *(f)*
fluoresceine marker

fluorescent

fluorescent

flux réacteur *(m)*
jet efflux

fonctionnement (mauvais —) *(m)*
malfunction

**fonctionnement avec anneau
tourbillonnaire** *(m)*
vortex ring state

fonctionnement en moulinet *(m)*
windmilling

fonctionnement en moulinet-frein *(m)*
windmill brake state

fonctionnement moteur au sol *(m)*
engine ground run

fonctionnement propulsif *(m)*
normal propeller state

fonctionner (faire —) *(v)*
to operate (système)

fondre (se —) *(v)*
to coalesce

fondre *(v)*
to melt

force *(f)*
force, strength, power

force aérienne *(f)*
air force

force aérienne stratégique *(f)*
strategic air force

force aérienne tactique *(f)*
tactical air force

force centrifuge *(f)*
centrifugal force

force centripète *(f)*
centripetal force

force de Coriolis *(f)*
Coriolis force

force de propulsion *(f)*
propulsive force

force électromotrice FEM *(f)*
electromotive force EMF

force portante de la piste *(f)*
runway load bearing capacity

force tendant à faire basculer le rotor *(f)*
external force (gyro)

force vive *(f)*
kinetic energy

formage *(m)*

forming

formation *(f)*
training, formation flying

formation de combat *(f)*
battle formation

formation serrée *(f)*
close formation

forme *(f)*
shape

former (se —) *(v)*
to shape

fort
strong, loud (voix)

foudre *(f)*
lightning

foudroiement *(m)*
lightning strike

foudroyé
struck by lightning

fourreau de distribution *(m)*
sleeve valve

foyer aérodynamique *(m)*
aerodynamic centre

fraction représentant l'échelle *(f)*
representative fraction

fractionné
ragged (nuages)

fracto-cumulus *(m)*
fracro cumulus

fracto-stratus *(m)*
fracto stratus

fraiseuse *(f)*
milling machine

franchissement des frontières *(m)*
frontier crossing

franchissement des obstacles *(m)*
obstacle clearance

frein *(m)*
brake

frein à disque(s) *(m)*
disc brake(s)

frein à main *(m)*
hand brake

frein à pied *(m)*
foot (toe) brake

frein aérodynamique *(m)*
airbrake

frein au carbone *(m)*
carbon brake

frein de parc *(m)*
parking brake

frein de piqué *(m)*
dive brake

frein de roue *(m)*
wheelbrake

frein de secours *(m)*
emergency brake

frein différentiel *(m)*
differential brake

frein pneumatique *(m)*
pneumatic brake

freinage *(m)*
braking

freinage aérodynamique *(m)*
aerodynamic braking

freinage différentiel *(m)*
differential braking

freiner *(v)*
to brake

freiner à fil *(v)*
to wirelock

fréquence *(f)*
frequency

fréquence (adapteur de —) *(m)*
frequency matching unit

fréquence (haute —) *(f)*
high frequency

fréquence (poursuite en —) *(f)*
frequency tracking

fréquence (très basse —) *(f)*
very low frequency VLF

fréquence (très haute —) *(f)*
very high frequency VHF

fréquence (vivacité de —) *(f)*
frequency agility

fréquence club *(f)*
club frequency

fréquence d'impulsions *(f)*
pulse recurrence frequency

fréquence de travail *(f)*
operating frequency

fréquence information *(f)*
flight information frequency AFIS

fréquence opération *(f)*
operating frequency

fréquence propre *(f)*
natural frequency

fréquence radar *(f)*
radar frequency

fréquence radio *(f)*
radio frequency

fréquence sol *(f)*
ground frequency

fréquence tour *(f)*
tower frequency

fréquence ultra-haute *(f)*
ultra high frequency UHF

fréquences (réponse en —) *(f)*
frequency response

fret *(m)*
freight

fret aérien *(m)*
air freight

friction *(f)*
friction

frisquet
chilly

froid
cold

front (de —)
head on

front *(m)*
front

front chaud *(m)*
warm front

front froid *(m)*
cold front

front occlus *(m)*
occluded front

front polaire *(m)*
polar front

frontal
frontal

frontière *(f)*
frontier

frontogénèse *(f)*
frontogenesis

frontolyse *(f)*
frontolysis

frottement *(m)*
friction, rubbing

frottement superficiel *(m)*	engine pod, engine nacelle
skin friction	**fusée** *(f)*
frotter *(v)*	fuse, rocket
to rub	**fusée de proximité** *(f)*
fuite *(f)*	proximity fuse
leak, seepage	**fusée éclairante** *(f)*
fuite de carburant *(f)*	flare
fuel leak	**fuselage** *(m)*
fumée *(f)*	fuselage
smoke	**fuselage allongé** *(m)*
fumées *(fpl)*	extended fuselage, stretched fuselage
fumes	**fuselage bi-poutre** *(m)*
fumigène *(m)*	twin fuselage
smoke apparatus	**fuseler** *(v)*
furtivité *(f)*	to streamline
stealth	**fusible** *(m)*
fuseau *(m)*	fuse
pod	**fusible sauté** *(m)*
fuseau horaire *(m)*	blown fuse
time zone	**fusion** *(f)*
fuseau-moteur *(m)*	melting, coalescence

G

'g' négatif *(m)*
negative 'g'

'g' positif *(m)*
positive 'g'

g-siège *(m)*
'g' seat

gabarit *(m)*
size, dimension

gain *(m)*
gain, amplification

gallon *(m)*
gallon

gamme *(f)*
range

gamme de fréquence *(f)*
frequency range

gamme de vitesse *(f)*
speed range

garde au sol *(f)*
ground clearance

garder *(v)*
to keep

garder la profondeur à fond en arrière *(v)*
to keep the stick fully back

garer *(v)*
to park

garniture de freinage *(f)*
brake lining

gauche (à —)
to the left, on the left

gauche (à main —)
left hand

gauche *(f)*
left

gauchir *(v)*
to warp

gauchissement *(m)*
roll control, aileron control, warping

gauchissement négatif *(m)*
washout

gauchissement positif *(m)*
wash in

gaz *(m)*
gas

gaz (mettre les —)*(v)*
to open the throttle

gaz (remettre les —)*(v)*
to overshoot, to go around, to put on the power

gaz (remise des —)*(f)*
overshoot, go around

gaz carbonique *(m)*
carbon dioxide gas

gaz d'échappement *(m)*
exhaust gas

gaz parfait *(m)*
perfect gas

gaz réduit à fond *(m)*
engine throttled right back

gazeux
gaseous

gel *(m)*
frost

gelée *(f)*
frost

gelée blanche *(f)*
hoar frost

geler *(v)*
to freeze

générateur de fumée *(m)*
smoke generator

générateur de gaz *(m)*
gas generator

générateur de tourbillon *(m)*
vortex generator

génération alternative *(f)*
A.C. power supply

génération continue *(f)*
D.C. power supply

génératrice *(f)*
generator

génératrice à courant continu *(f)*
D.C. generator

génératrice à moulinet *(f)*
wind-driven generator

gestion de bus *(f)*
bus management

giboulée *(f)*
sudden downpour, April shower

gicleur *(m)*
atomiser

gilet de sauvetage *(m)*
life jacket

gilet gonflable *(m)*
life jacket

giravion *(m)*
rotorcraft

girouette *(f)*
weather vane

gisement *(m)*
bearing

givrage *(m)*
icing

givrage carburateur *(m)*
carburettor icing

givrage faible *(m)*
light icing

givrage fort *(m)*
severe icing

givrage modéré *(m)*
moderate icing

givre *(m)*
hoar frost, rime ice

givre blanc *(m)*
rime ice

givre de carburateur *(m)*
carburettor ice

givre dur *(m)*
clear ice, glaze ice, translucent rime ice

givre mou *(m)*
rime ice

glace *(f)*
ice, mirror, window

glace carbonique *(f)*
dry ice

glace claire *(f)*
clear ice

glace coulissante *(f)*
sliding window

glace opaque *(f)*
opaque rime ice

glacial
freezing

glacier *(m)*
glacier

glide *(m)*
glideslope

glissade *(f)*
slip, sideslip

glissade sur la queue *(f)*
tail slide

glissant
slippery

glissement *(m)*
sliding

glissement doppler *(m)*
doppler shift

glissement du pneu *(m)*
tyre creep

glisser *(v)*
to sideslip, to slip

global
total, overall

globule *(m)*
globule

gonflable
inflatable

gonflage *(m)*
inflation

gonfler (se —)*(v)*
to expand (capsule)

gonfler *(v)*
to inflate

goniomètre *(m)*
direction finder, homer

goniomètre VHF *(m)*
VHF direction finder

goniométrie *(f)*
direction finding DF

goujon *(m)*
pin, stud

goupille *(f)*
gudgeon pin

goupille fendue *(f)*
split pin

goutte *(f)*
drop (liquide)

goutte de pluie *(f)*
raindrop

gouttelette *(f)*
droplet

gouverne *(f)*
control surface

gouverne de direction *(f)*
rudder control

gouverne de profondeur *(f)*
elevator

gouvernes *(fpl)*
controls

grade *(m)*
grade

gradient *(m)*
pressure gradient

gradient adiabatique saturé *(m)*
saturated adiabatic lapse rate SALR

gradient adiabatique sec *(m)*
dry adiabatic lapse rate DALR

gradient du vent *(m)*
wind gradient

gradient thermique vertical *(m)*
environmental lapse rate ELR

graduation *(f)*
graduation

gradué
graduated

grain *(m)*
squall, heavy shower

graissage *(m)*
greasing

graisse *(f)*
grease

graisseur *(m)*
lubricator, grease nipple

graisseur à pression *(m)*
grease gun

grandeur *(f)*
magnitude, size

gravi-siège *(m)*
'g' seat

grêle *(f)*
hail

grêler *(v) (impers)*
to hail

grêlon *(m)*
hailstone

grésil *(m)*
fine hail, soft hail

grille *(f)*
grid

grippage *(m)*
seizure (moteur), jamming

gripper *(v)*
to seize up

gros-porteur *(m)*
wide-bodied aircraft

groupe auxiliaire de puissance *(m)*
auxiliary power unit APU

groupe de démarrage au sol *(m)*
ground power unit GPU

groupe de génération électrique de piste *(m)*
ground starter unit

groupe moteur/ propulseur/ turbo-propulseur *(m)*
power plant

guidage *(m)*
guidance

guidage inertiel *(m)*
inertial guidance

guidage laser *(m)*
laser guidance

guidage radar *(m)*
radar guidance

guide d'onde *(m)*
wave guide

guignol *(m)*
crank lever

gyrolaser *(m)*
laser gyro

gyromètre laser *(m)*
laser gyro

gyromètre laser annulaire *(m)*
ring laser gyro

gyroscope *(m)*
gyroscope, gyro

gyroscope (mettre le — en position d'utilisation) *(v)*
to erect the gyro

gyroscope d'assiette *(m)*
pitch gyro

gyroscope directionnel *(m)*
directional gyro

gyroscope fixe par rapport à la terre *(m)*
earth gyro

gyroscope fixe par rapport à l'espace absolu *(m)*
space gyro

gyrostabilisé
gyro stabilised

H

habilité
qualified

habitacle *(m)*
cockpit

hache d'incendie *(f)*
fire axe

hachuré
cross-hatched

hachure *(f)*
hachure, cross-hatching

halo *(m)*
halo

haltère *(m)*
dumbbell

hangar *(m)*
hangar

harmonisation *(f)*
harmonisation

harnais *(m)*
harness

haubanage *(m)*
struts and stays

hausse (être en —) *(v)*
to rise (pression)

hausse *(f)*
rise (température et pression), increase

haut
high, loud (voix)

haut (en —)
aloft

haut *(m)*
top

haut (vers le —)
upwards

hauteur *(f)*
height

hauteur critique *(f)*
critical height

hauteur de décision *(f)*
decision height

hauteur des précipitations *(f)*
rainfall amount

hauteur des nuages *(f)*
cloud height

hauteur minimum de sécurité d'approche *(f)*

break-off height

hauteur totale *(f)*
overall height

hélice *(f)*
propeller

hélice à calage fixe *(f)*
fixed pitch propeller

hélice à calage variable *(f)*
variable pitch propeller

hélice à droite *(f)*
right-handed propeller

hélice à gauche *(f)*
left-handed propeller

hélice à pas fixe *(f)*
fixed-pitch propeller

hélice à pas variable *(f)*
variable-pitch propeller

hélice à trois pales *(f)*
three-bladed propeller

hélice à vitesse constante *(f)*
constant-speed propeller

hélice carénée *(f)*
ducted propeller

hélice contrarotative *(f)*
contra-rotating propeller

hélice d'avions rapides *(f)*
propfan

hélice propulsive *(f)*
pusher propeller

hélice tournant en moulinet *(f)*
windmilling propeller

hélice tractive *(f)*
tractor propeller

hélice transsonique *(f)*
propfan

hélicier *(m)*
propeller manufacturer

hélicoïdal
helical

hélicoptère *(m)*
helicopter

hélicoptère anti-char *(m)*
anti-tank helicopter

hélicoptériste *(m)*
helicopter manufacturer

hélistation *(f)*
heliport

hélisurface *(f)*
helicopter landing area
hélitracter *(v)*
to tow by helicopter
hélium *(m)*
helium
hémisphère *(m)*
hemisphere
hémisphère austral *(m)*
southern hemisphere
hémisphère nord *(m)*
northern hemisphere
hémisphère sud *(m)*
southern hemisphere
heure *(f)*
hour, time
heure d'arrivée *(f)*
arrival time
heure de départ *(f)*
departure time
heure de transmission *(f)*
time of transmission
heure de travail *(f)*
manhour
heure de vol *(f)*
flying hour
heure du fuseau horaire *(f)*
zone time
heure estimée d'arrivée HEA*(f)*
estimated time of arrival ETA
heure locale *(f)*
local time
heure prévue d'arrivée *(f)*
estimated time of arrival ETA
heure prévue de départ *(f)*
estimated time of departure ETD
heures de fonctionnement *(fpl)*
operating hours
hexagonal
hexagonal
hiver (d' —)
winter
hiver *(m)*
winter
hivernal
wintry
hologramme *(m)*
hologram
holographie *(f)*
holography
holographique
holographic
homogène
homogeneous
homogénéité *(f)*
homogeneity
homologation *(f)*
certification, approval
homologuer *(v)*
to certify
horizon *(m)*
horizon
horizon artificiel *(m)*
artificial horizon
horizon naturel *(m)*
natural horizon
horizontal
horizontal
hostile
hostile
hôtesse *(f)*
hostess
housse de siège *(f)*
seat cover
housse pitot *(f)*
pitot head cover
hublot *(m)*
window
hublot largable *(m)*
escape hatch
huile *(f)*
oil
huile de ricin *(f)*
castor oil
huile minérale *(f)*
mineral oil
huile pour circuits hydrauliques *(f)*
hydraulic oil
huile végétale *(f)*
vegetable oil
huiler *(v)*
to oil
huit cubain *(m)*
Cuban eight

huit paresseux *(m)*
lazy eight
huitième
eighth
humide
moist, humid
humidité *(f)*
humidity
humidité absolue *(f)*
absolute humidity
humidité relative *(f)*
relative humidity
hydravion *(m)*
seaplane
hydravion à coque *(m)*
flying boat
hydravion à flotteurs *(m)*
floatplane
hydro-aérodrome *(m)*
seaplane landing area
hydrogène *(m)*

hydrogen
hydrographie *(f)*
hydrography
hydroplanage *(m)*
aquaplaning
hyperbolique
hyperbolic
hypersonique *(adj.)*
hypersonic
hypersonique *(f)*
hypersonics
hypersustentateur *(m)*
high-lift flap
hypersustentation *(f)*
lift augmentation
hyperventilation *(f)*
hyperventilation
hypoxie *(f)*
hypoxia
hystérésis *(m)*
hysteresis

I

iceberg *(m)*
iceberg

identification *(f)*
identification

identifier *(v)*
to identify

ignifuge
fireproof, fire resistant

ignifuger *(v)*
to fireproof

illimité
unlimited

illuminer *(v)*
to illuminate

illusion sensorielle *(f)*
sensory illusion

imagerie thermique *(f)*
thermal imaging

immatriculation *(f)*
registration

immatriculer *(v)*
to register

immédiat
immediate

immigration *(f)*
immigration

immobilisation au sol *(f)*
grounding

immobiliser au sol *(v)*
to ground, to immobilise

impact *(m)*
touchdown

impact d'oiseau *(m)*
bird strike

impédance *(f)*
impedance

important
large, significant, important

imprégnation à froid *(f)*
cold soak

impulsion *(f)*
impulse, pulse (radar)

impulsions (technique d' —) *(f)*
pulse technique

impureté *(f)*
impurity

ingénieur de projet *(m)*
project engineer

incendie *(m)*
fire

incendie de moteur *(m)*
engine fire

incertitude *(f)*
uncertainty

incidence *(f)*
incidence

incidence (grande —) *(f)*
high incidence

inclinaison *(f)*
bank, banking, tilt

inclinaison (maintenir l' —) *(v)*
to hold on bank, to hold off bank, to
maintain bank

inclinaison d'une aiguille aimantée *(f)*
angle of dip

incliner *(v)*
to bank

incliner trop *(v)*
to overbank

incombustible
flame resistant

incompressible
incompressible

incorporation *(f)*
embodiment

incurvation *(f)*
curvature

index de givrage *(m)*
icing index

index de vitesse *(m)*
airspeed bug

indicateur *(m)*
indicator

indicateur d'assiette *(m)*
attitude indicator

indicateur d'incidence *(m)*
angle of attack indicator

indicateur de débit *(m)*
flowmeter

indicateur de dérapage *(m)*
sideslip indicator

indicateur de direction VHF *(m)*
VHF direction finder

indicateur de distance à parcourir *(m)*
  'distance to go' marker
indicateur de fréquence *(m)*
  channel indicator
indicateur de gisement *(m)*
  plan position indicator PPI
indicateur de pente VASIS *(m)*
  visual angle slope indicator system
  VASIS
indicateur de pression *(m)*
  pressure gauge
indicateur de situation horizontale *(m)*
  horizontal situation indicator
indicateur de température d'huile *(m)*
  oil temperature gauge
indicateur de trajectoire d'approche de
précision *(m)*
  precision approach path indicator PAPI
indicateur de virage *(m)*
  turn indicator, turn needle
indicateur de virage et d'inclinaison *(m)*
  turn and bank indicator
indicateur de zéro *(m)*
  zero reader
indicateur directeur d'attitude *(m)*
  attitude director indicator
indicateur lumineux d'angle d'approche
AAI *(m)*
  angle of approach indicator AAI
indicateur radio magnétique RMI *(m)*
  radio magnetic indicator RMI
indicateur visuel de pente d'approche
VASIS *(m)*
  visual angle slope indicator system
  VASIS
indicatif d'appel *(m)*
  callsign
indication *(f)*
  indication
indice d'octane *(m)*
  octane rating
indiquer *(v)*
  to indicate
inductance *(f)*
  inductance
induction *(f)*
  induction

induire *(v)*
  to induce
induit *(m)*
  armature
inertie *(f)*
  inertia
inférieur
  low, lower
inflammable
  inflammable
information *(f)*
  information
informatique *(f)*
  information technology
informer *(v)*
  to inform
infraction *(f)*
  infringement
infrarouge *(m)*
  infrared
ingénieur *(m)*
  engineer
ingénieur de bord *(m)*
  flight engineer
ingénieur navigant d'essais *(m)*
  flight test engineer
ingestion *(f)*
  ingestion
ingestion d'eau *(f)*
  water ingestion
injecteur *(m)*
  injector
injection *(f)*
  injection
injection d'eau *(f)*
  water injection
injection de carburant *(f)*
  fuel injection
inondé
  flooded
inopérant
  inoperative
inscrire sur le carnet de bord *(v)*
  to log
insolation *(f)*
  exposure to sunshine, period of sunshine
insonorisation *(f)*

sound-proofing
insonoriser *(v)*
to sound-proof
inspecter le ciel *(v)*
to keep a good lookout
inspection *(f)*
inspection
inspection avant/après vol *(f)*
pre/post flight inspection
instabilité *(f)*
instability
instabilité oscillatoire *(f)*
oscillatory instability
instabilité spirale *(f)*
spiral instability
instable
unstable, unsteady
installation *(f)*
installation
installation de mesure *(f)*
instrumentation
installer *(v)*
to install
instructeur *(m)*
instructor
instructeur adjoint *(m)*
assistant instructor
instructeur qualifié *(m)*
qualified instructor
instruction *(f)*
instruction
instructions (donner des — à) *(v)*
to brief, to give instructions to
instruire *(v)*
to instruct
instrument *(m)*
instrument
instrument de bord *(m)*
flight instrument
instrument de vol *(m)*
flight instrument
instrument gyroscopique *(m)*
gyroscopic instrument, gyro instrument
instrument moteur *(m)*
engine instrument
instrument statique *(m)*
static instrument

instrumentation *(f)*
instrumentation
instrumenter *(v)*
to instrument
intégré
integrated
intégrer dans (s' —) *(v)*
to fit oneself in with (circulation)
intempéries *(fpl)*
bad weather
intense
intense
intensité *(f)*
intensity, magnitude, amperage
intention *(f)*
intention
interaction *(f)*
interaction
intercepter *(v)*
to intercept
intercepteur *(m)*
interceptor
interception *(f)*
interception
intercommunication *(f)*
crossfeed (carburant)
interconnecter *(v)*
to interconnect
interconnexion *(f)*
interconnection
interdiction aérienne *(f)*
interdiction
interdire *(v)*
to prohibit
interdit
prohibited
interface *(f)*
interface
interface homme/machine *(f)*
man/machine interface
interférence *(f)*
interference
interférences statiques atmosphériques
(fpl)
precipitation static
intérieur
inboard, inner

intérieur (à l' —)
inland
intermittence (par —)
intermittently, sporadically
intermittent
intermittent
interne
inboard, inner
interphone *(m)*
intercom
interpolation *(f)*
interpolation
interpoler *(v)*
to interpolate
interrupteur *(m)*
switch, circuit-breaker
interrupteur à bascule *(m)*
tumbler switch
interrupteur à mercure *(m)*
mercury switch
interrupteur d'allumage *(m)*
ignition switch
interrupteur général *(m)*
master switch
interrupteur marche/arrêt *(m)*
on/off switch
interruption *(f)*
interruption
intersection *(f)*
intersection
intrados *(m)*
wing lower surface
intrus *(m)*
intruder
inutilisable
unusable, unserviceable
inverse *(adj)*
reverse, inverse
inverser *(v)*
to reverse, to inverse
inverseur *(m)*
reversing switch
inverseur de poussée *(m)*

thrust reverser
inversion *(f)*
inversion
inversion de pas *(f)*
propeller pitch reversal
inversion de poussée *(f)*
reverse thrust, thrust reversal
inversion de poussée automatique *(f)*
automatic thrust reversal
ionisation *(f)*
ionisation
ionosphère *(f)*
ionosphere
isallobare *(f)*
isallobar
isentropique
isentropic
isobare *(f)*
isobar
isobarique
isobaric
isoclinal *(m)*
isoclinal
isolation *(f)*
isolation
isoler *(v)*
to isolate
isotherme *(f)*
isotherm
isotherme zéro degré *(f)*
0° isotherm
isothermique
isothermal
isovitesse *(f)*
constant speed
issue de secours *(f)*
emergency exit
itinéraire *(m)*
route
itinéraire à service consultatif *(m)*
advisory route

J

jambe *(f)*
leg

jambe amortisseur de train *(f)*
oleo leg

jambe de train *(f)*
undercarriage leg

jambe oléomatique *(f)*
oleo strut, oleo leg

jambe-oléo *(f)*
oleo leg

jante *(f)*
rim

jauge *(f)*
gauge

jauge carburant *(f)*
fuel gauge

jauge d'essence *(f)*
petrol gauge

jauge de contrainte *(f)*
strain gauge

jaugeur manuel *(m)*
dipstick

jet *(m)*
jet, jetstream

jet de réacteur *(m)*
jet efflux, jet wash

jetstream *(m)*
jetstream

jeu *(m)*
play, backlash, set (équipement)

joint *(m)*
joint

joint d'étanchéité *(m)*
gasket, seal

joint d'huile *(m)*
oil seal

joint de cardan *(m)*
universal joint

joint de culasse *(m)*
cylinder head gasket

joint labyrinthe *(m)*
labyrinth seal

joint torique *(m)*
O ring

jour *(m)*
day

jour (mettre à —)*(v)*
to update

jour (mise à —)*(f)*
updating

journal de bord *(m)*
flight log

journée *(f)*
day

jumelé
dual, twin

jungle *(f)*
jungle

justesse *(f)*
accuracy, precision

K

karman *(m)*
wing fillet

kérosène *(m)*
kerosene

kilocycle *(m)*
kilocycle

kilogramme *(m)*
kilogram

kilohertz *(m)*
kilohertz

kilomètre *(m)*
kilometre

kilomètre-heure *(m)*
kilometre per hour

kilotonne *(f)*
kiloton

kilovolt *(m)*
kilovolt

kilovolt-ampère *(m)*
kilovolt-ampere

kilowatt *(m)*
kilowatt

klaxon *(m)*
klaxon, horn

L

lac *(m)*
lake

lacet (faire un mouvement de —)*(v)*
to yaw

lacet *(m)*
yaw

lacet inverse *(m)*
adverse yaw

lâcher *(v)*
to release

lâcher les freins *(v)*
to release the brakes

laisser *(v)*
to let, to allow

lame *(f)*
blade

laminaire
laminar

lampe *(f)*
lamp, valve

lampe de lecture de la carte *(f)*
map light

lampe de poche *(f)*
flashlight, torch

lampe de signalisation *(f)*
signal lamp

lance-bombes *(m)*
bomb rack

lance-missile *(m)*
missile pad

lancement *(m)*
launching, start-up

lancer *(v)*
to launch

lancer l'hélice *(v)*
to swing the propeller

lancer un avion *(v)*
to catapult launch an aircraft

largage *(m)*
dropping, jettisoning

largage carburant *(m)*
fuel jettison

largage verrière *(m)*
canopy jettison

large (au —)
offshore

largeur *(f)*
width, breadth

largeur hors-tout *(f)*
overall width

larguer *(v)*
to drop, to jettison

laser *(m)*
laser

latéral
lateral

latitude *(f)*
latitude

léger
slight, light

lent
slow, sluggish

lenticulaire
lenticular

lest *(m)*
ballast

lester *(v)*
to ballast

leurrage *(m)*
decoying

leurre *(m)*
decoy

levé aérien *(m)*
aerial survey

levée de pale *(f)*
blade flapping

lever (se —)*(v)*
to rise (soleil, vent)

lever *(v)*
to lift up, to raise

lever du soleil *(m)*
sunrise

levier de commande *(m)*
control lever

liaison *(f)*
bond, link

liaison courant continu *(f)*
D.C. link

liaison mécanique *(f)*
mechanical linkage

liberté *(f)*
freedom

licence *(f)*

licence

licence (sous —)
under licence

licence de pilote de ligne *(f)*
airline transport pilot's licence

licence de pilote privé avion *(f)*
private pilot's licence

lieu d'origine *(m)*
source region (masse d'air)

ligne (en —)
on line

ligne à haute tension *(f)*
high tension line, high voltage line

ligne aclinique *(f)*
agonic line

ligne aérienne *(f)*
airline

ligne creuse *(f)*
trough line

ligne d'apport *(f)*
feeder line

ligne de foi *(f)*
lubber line

ligne de force *(f)*
line of force

ligne de grains *(f)*
line squall

ligne de pompage *(f)*
surge line

ligne de position *(f)*
position line

ligne de poussée *(f)*
thrust line

ligne de référence *(f)*
datum line

ligne de renvoi *(f)*
return line

ligne de rhumb *(f)*
rhumb line

ligne de vol *(f)*
line of flight

ligne droite *(f)*
straight line

ligne isogone *(f)*
isogonal

ligne isoplèthe *(f)*
isopleth

ligne moyenne de profil *(f)*
mean camber line

ligne naturelle *(f)*
line feature (caractéristique)

ligne terrestre *(f)*
landline

limitations moteur *(fpl)*
engine limitations

limite *(f)*
limit, boundary

limite de centrage *(f)*
C.of G.limit

limite de centrage arrière *(f)*
aft C. of G. limit

limite de centrage avant *(f)*
forward C. of G. limit

limiter *(v)*
to limit

limites d'emploi *(fpl)*
operating limits

limites d'utilisation *(fpl)*
operating limits

limiteur *(m)*
governor

limiteur d'admission *(m)*
boost control

limiteur de couple *(m)*
torque limiter

limiteur de survitesse *(m)*
overspeed governor

linéaire
linear

liquide *(m)*
liquid, fluid

liquide dégivrant *(m)*
de-icer fluid

liquide réfrigérant *(m)*
coolant

lisibilité *(f)*
readability

lisse
smooth

lisse *(f)*
stringer

liste de contrôle *(f)*
check list

liste des opérations de vérification *(f)*

check list

litre *(m)*
litre

livraison *(f)*
delivery

livre *(f)*
pound (poids)

livre de bord *(m)*
logbook

livrer *(v)*
to deliver

livres au pouce carré *(fpl)*
pounds per square inch

livret de pilotage *(m)*
pilot's flying logbook

livret moteur *(m)*
engine logbook

local
local, scattered (averses)

localizer *(m)*
localiser

location (d'un avion) avec équipage *(f)*
wet leasing

location (d'un avion) sans équipage *(f)*
dry leasing

location *(f)*
hiring, leasing

logement du train avant *(m)*
nosewheel bay

logement de la roulette avant *(m)*
nosewheel bay

logement des roues *(m)*
wheel bay

logement du train *(m)*
undercarriage bay

logiciel *(m)*
software

loi d'Ohm *(f)*
Ohm's law

loi de Buys Ballot *(f)*
Buys Ballot's law

loi de Newton *(f)*
Newton's law

loi des aires *(f)*
area rule

long (le — de)
along

long-courrier *(m)*
long-range aircraft

longeron d'aile *(m)*
wing spar

longeron de fuselage *(m)*
longeron

longeron principal *(m)*
main spar

longeur totale *(f)*
overall length

longitude *(f)*
longitude

longitudinal
longitudinal

longueur *(f)*
length

longueur d'atterrissage *(f)*
landing distance

longueur d'étape *(f)*
stage length

longueur d'onde *(f)*
wave length

longueur de piste balancée *(f)*
balanced field length

longueur de roulement à l'atterrissage
(f)
landing run

longueur de roulement au décollage *(f)*
take-off run

longueur de roulement au sol *(f)*
ground run, landing run

looping inversé *(m)*
inverted loop, outside loop

looping normal *(m)*
normal loop

lot *(m)*
kit

louvoyer *(v)*
to weave (pendant la montée)

loxodromie *(f)*
rhumb line

lubrification *(f)*
lubrication

lubrifier *(v)*
to lubricate

lumière *(f)*
port, valve

lumière d'admission *(f)*
inlet port

lumière d'échappement *(f)*
exhaust port

luminescent
luminescent

luminosité *(f)*
luminosity

lune *(f)*
moon

lunettes *(fpl)*
spectacles, goggles

lunettes de soleil *(fpl)*
sun glasses

lunettes noires *(fpl)*
dark glasses

M

Mach (nombre de —)*(m)*
Mach number

Mach critique *(m)*
critical Mach number

machmètre *(m)*
machmeter

magasin hors taxe *(m)*
duty-free shop

magnétique
magnetic

magnétiser *(v)*
to magnetise

magnétisme *(m)*
magnetism

magnéto *(f)*
magneto

magnétophone *(m)*
tape recorder

magnétoscope *(m)*
video tape recorder

main (à — droite)
right-hand

main (à — gauche)
left-hand

main (rendre la —)*(v)*
to ease the stick forward, to unstall the wings

maintenabilité *(f)*
maintainability

maintenance *(f)*
maintenance

maintenance au premier échelon *(m)*
first line servicing

maintenir *(v)*
to maintain

mal de l'air *(m)*
air sickness

mallette de test *(f)*
test set

mallette des essais *(f)*
test set

manche au ventre *(m)*
stick fully back

manche à air *(f)*
windsock

manche à balai *(m)*
control column

manche au tableau *(m)*
stick fully forward

manche bloqué *(m)*
stick fixed

manche de pas cyclique *(m)*
cyclic pitch control

manche latéral *(m)*
offset control column

manche libre *(m)*
stick free

manche poussé *(m)*
stick forward

manche tiré *(m)*
stick back

manchon *(m)*
cuff

maneton *(m)*
crankpin

manette *(f)*
lever

manette automatique *(f)*
autothrottle

manette de commande *(f)*
control lever

manette de puissance *(f)*
power lever

manette des gaz *(f)*
throttle lever

maniabilité *(f)*
controllability, handling, handling qualities

maniabilité en lacet *(f)*
directional control

maniabilité en roulis *(f)*
lateral control

maniabilité en tangage *(f)*
pitch control

maniabilité longitudinale *(f)*
longitudinal control

maniable
manoeuvrable

manier *(v)*
to handle

manifestation aérienne *(m)*
air display

manifeste des marchandises *(m)*

cargo manifest
manifeste *(m)*
manifest
manodéteneur *(m)*
pressure reducing valve
manœuvrabilité *(f)*
manoeuvrability
manœuvrable
manoeuvrable
manœuvre *(f)*
manoeuvre
manœuvre au sol *(f)*
ground handling
manœuvre d'autoprotection *(f)*
evasive manoeuvre
manœuvre déclenchée *(f)*
flick manoeuvre
manœuvre évasive *(f)*
evasive manoeuvre
manœuvrer *(v)*
to manoeuvre
manomètre *(m)*
pressure gauge
manomètre de carburant *(m)*
fuel pressure gauge
manomètre de dépression *(m)*
suction gauge
manomètre de pression d'admission *(m)*
boost pressure gauge
manomètre pression d'huile *(m)*
oil pressure gauge
manquer *(v)*
to miss
manuel de vol *(m)*
flight manual
manuel d'emploi *(m)*
operating manual
manuel d'entretien *(m)*
maintenance manual
manuel d'information aéronautique *(m)*
air pilot AIP
manuel d'instruction *(m)*
instruction manual
manuel d'utilisation *(m)*
operating manual
manuel de bord *(m)*
aircrew manual, pilot's notes

manuellement
manually
manutention *(f)*
cargo handling
manutention (frais de —) *(mpl)*
handling charges
maquette *(f)*
mock-up
maquette en vraie grandeur *(f)*
full scale mock-up
marais barométrique *(m)*
col
marche (être en —) *(v)*
to be running
marche (mettre en —) *(v)*
to start up
marche arrière *(f)*
backtracking
marche arrière (faire —) *(v)*
to backtrack
marche/arrêt
on/off
marge de franchissement de relief *(f)*
terrain clearance
marge de manœuvre *(f)*
manoeuvre margin
marge statique *(f)*
static margin
maritime
maritime
marker *(m)*
marker
marquage *(m)*
marking
marque de distance *(f)*
distance marker
marsouinage *(m)*
porpoising
masque à ombre *(m)*
shadow mask
masque à oxygène *(m)*
oxygen mask
masquer *(v)*
to mask, to blank off
masse *(f)*
mass

masse (les paramètres limites en fonction de la — , l'altitude et de la température)
weight, altitude and temperature limit, WAT limit

masse (mettre à la —)
to earth electrically

masse (mise à la —)
electrical earthing, bonding

masse à l'atterrissage (f)
landing weight

masse à vide (f)
basic empty weight

masse au décollage (f)
take-off weight

masse carburant admissible (f)
maximum fuel weight

masse d'air (f)
air mass

masse d'équilibrage (f)
mass balance weight

masse maximale (f)
all-up weight, maximum weight

masse maximale à l'atterrissage (f)
maximum landing weight

masse maximale au décollage (f)
maximum take-off weight

masse maximale de carburant (f)
maximum fuel weight

masse sans carburant (f)
zero fuel weight

masselotte (f)
flyweight

massif (m)
mountain barrier, massif

massique
per unit of mass

mât (m)
mast, strut

mât d'antenne radio (m)
radio mast

mât réacteur (m)
engine pylon

matériau absorbant les ondes électromagnétiques (m)
radar absorbent material RAM

matériel (m)
hardware

matériel au sol (m)
ground equipment

matériel de sécurité (m)
survival equipment

matin (m)
morning

matrice (f)
matrix

maxaret (m)
maxaret

maximal (adj)
maximum

maximum (m)
maximum

mécanicien (m)
mechanic

mécanicien cellule (m)
airframe mechanic

mécanicien navigant (m)
flight engineer

mécanique
mechanical

mécanique de vol (f)
mechanics of flight

mécanisme (m)
mechanism

mèche déperditeur (f)
static wick

médecine aéronautique (f)
aviation medicine

médiane (f)
centreline

meeting d'aviation (m)
air display

mégacycle (m)
megacycle, megahertz

mélange (m)
mixture

mélange pauvre (m)
weak mixture

mélange plein riche (m)
mixture fully rich

mélanger (se —)(v)
to mix

membrane (f)
membrane

mémoire *(f)*
memory

mémoire à bulles *(f)*
bubble memory

mémoire à bulles magnétiques *(f)*
magnetic bubble memory MBM

mémoire de masse *(f)*
mass storage

mémoire morte MEM *(f)*
read only memory

mémoire vive MEV *(f)*
random access memory

menace *(f)*
threat

mer *(f)*
sea

mercure *(m)*
mercury

méridien *(m)*
meridian

méridien (premier —)*(m)*
prime meridian

méridien d'origine *(m)*
prime meridian

méridien de changement de date *(m)*
international date line

méridien de Greenwich *(m)*
Greenwich meridian

méridien magnétique *(m)*
magnetic meridian

méridional
southern

message *(m)*
message

message en l'air clair *(m)*
message in clear

mesure *(f)*
measurement

mesure de bruit *(f)*
noise measurement

mesurer *(v)*
to measure

mesureur de couple *(m)*
torque meter

météorologie *(f)*
meteorology

météorologique
meteorological

météorologiste *(m/f)*
meteorologist

météorologue *(m)*
meteorologist

méthanol *(m)*
methanol

métier d'aviateur *(m)*
airmanship

micro-onde *(f)*
microwave

micro-ordinateur *(m)*
microcomputer

microampèremètre *(m)*
microammeter

microcontact *(m)*
microswitch

microélectronique *(f)*
microelectronics

microphone *(m)*
microphone, mike

microphone à carbone *(m)*
carbon microphone

microprocesseur *(m)*
microprocessor

microrupteur *(m)*
microswitch

milieu *(m)*
middle, environment

militaire
military

mille *(m)*
mile

mille marin *(m)*
nautical mile

mille nautique *(m)*
nautical mile

mille terrestre *(m)*
statute mile

milles à l'heure *(mpl)*
miles per hour

millibar *(m)*
millibar

millimètre *(m)*
millimetre

mineur
minor

mini-ordinateur
module

mini-ordinateur *(m)*
mini-computer
miniaturisation *(f)*
miniaturisation
miniaturiser *(v)*
to miniaturise
minima *(mpl)*
minima
minima de séparations *(mpl)*
separation minima
minimum *(m)*
minimum
minirupteur *(m)*
microswitch
minutage *(m)*
precise timing, timing by the minute
minuterie *(f)*
time switch, timing mechanism
miroir *(m)*
mirror
miroir de signalisation *(m)*
signalling mirror
miscible
mixable
mise en œuvre *(f)*
turnround (d'un avion)
missile *(m)*
missile
missile air-air *(m)*
air-to-air missile
missile anti-char *(m)*
anti-tank missile
missile anti-navire *(m)*
anti-ship missile
missile anti-navire à vol rasant *(m)*
sea-skimming missile
missile BVR *(m)*
missile beyond visual range
missile 'tire et oublie' *(m)*
'fire and forget' missile
mission *(f)*
mission
mistral *(m)*
mistral
mitraillage au sol *(m)*
strafing
mitrailler en rase-mottes *(v)*

to strafe
mitrailleuse *(f)*
machine gun
mnémonique
mnemonic
mobile
moving, mobile
mode *(m)*
mode, method
mode d'éxécution *(m)*
procedure
mode d'opération *(m)*
operating procedure
mode de fonctionnement *(m)*
operating mode
mode opératoire *(m)*
operating mode, operating procedure
mode poursuite *(m)*
following mode
mode recherche *(m)*
search mode
modelé *(m)*
relief, hill shading
modélisation mathématique *(f)*
mathematical modelling
modéré
moderate
modification *(f)*
modification
modification impérative *(f)*
mandatory modification
modification majeure *(f)*
major modification
modification mineure *(f)*
minor modification
modifier *(v)*
to modify
modulaire
modular
modularité *(f)*
modularity
modulation *(f)*
modulation
modulation de fréquence *(f)*
frequency modulation
module *(m)*
module

moignon d'aile *(m)*
 wing stub
mois *(m)*
 month
molécule *(f)*
 molecule
moment *(m)*
 moment, momentum
moment cinétique *(m)*
 angular momentum
moment d'inertie *(m)*
 moment of inertia
moment d'amortissement *(m)*
 damping moment
moment de charnière *(m)*
 hinge moment
moment de flexion *(m)*
 bending moment
moment de lacet *(m)*
 yawing moment
moment de roulis *(m)*
 rolling moment
moment de tangage *(m)*
 pitching moment
moment de tangage à cabrer *(m)*
 nose-up pitching moment
moment de tangage à piquer *(m)*
 nose-down pitching moment
moment de torsion aérodynamique *(m)*
 aerodynamic twisting moment
moniteur *(m)*
 instructor, monitor
mono-étage *(m)*
 single-stage
mono-piloté
 single-piloted
monochrome
 monochrome
monocoque
 monocoque
monomoteur *(m)*
 single-engined monoplane
monophase
 single-phase
monoplace *(m)*
 single-seat aeroplane
monoplan *(m)*

monoplane
monoplan à aile basse *(m)*
 low wing monoplane
monoplan à aile haute *(m)*
 high wing monoplane
monopulse
 single pulse
monoréacteur *(m)*
 single (jet) engine
montage *(m)*
 assembly, fitting, fitment, rig
montagne *(f)*
 mountain
montée *(f)*
 climb, climbing
montée (assiette de —)*(f)*
 climbing attitude
montée (configuration de —)*(f)*
 climbing configuration
montée (en —)
 climbing
montée (faible pente de —)*(f)*
 shallow climb
montée (fin de —)*(f)*
 top of climb
montée (taux de —)*(m)*
 rate of climb
montée au décollage *(f)*
 climb-out
montée en route *(f)*
 en route climb
montée initiale *(f)*
 initial climb
monter *(v)*
 to climb, to rise (pression, température),
 to fit, install
monter à la cardan *(v)*
 to gimbal (gyro)
monter au cap *(v)*
 to climb on course
montre *(f)*
 watch
monture *(f)*
 mounting
monture moteur *(f)*
 engine mounting
morcelé

broken (nuage)

morne
dull (temps)

morse *(m)*
morse code

moteur *(m)*
engine, motor

moteur (à —)
power operated

moteur à combustion interne *(m)*
internal combustion engine

moteur à deux cylindres à plat (opposés par la base) *(m)*
flat-twin engine

moteur à deux temps *(m)*
two-stroke engine

moteur à double corps *(m)*
twin-spool engine

moteur à double flux *(m)*
bypass engine, twin-spool engine

moteur à essence *(m)*
petrol engine

moteur à injection *(m)*
fuel injection engine

moteur à pistons *(m)*
piston engine

moteur à plat *(m)*
flat engine

moteur à poussée orientable *(m)*
vectored thrust engine

moteur à puissance constante *(m)*
flat-rated engine

moteur à réaction *(m)*
jet engine

moteur à refroidissement par eau *(m)*
water cooled engine

moteur critique *(m)*
critical engine

moteur d'aviation *(m)*
aircraft engine, aero engine

moteur électrique *(m)*
electric motor

moteur en étoile *(m)*
radial engine

moteur en ligne *(m)*
inline engine

moteur minimum garanti *(m)*

minimum guaranteed power

moteur noyé *(m)*
flooded engine

moteur régime réduit *(m)*
engine at reduced r.p.m.

moteur rotatif *(m)*
rotary engine

moteur stoppé *(m)*
engine inoperative

moteur suralimenté *(m)*
supercharged engine

moteur-fusée *(m)*
rocket engine

motoplaneur *(m)*
motorised glider

motoriser *(v)*
to motorise, to power

motoriste *(m)*
engine manufacturer

mou
soft, slack, sloppy (gouvernes)

mou *(m)*
slackness, softness

mouillé
wet

mousse *(f)*
foam

mousson *(f)*
monsoon

mouvement *(m)*
movement, motion

mouvement aérien *(m)*
air traffic movement

mouvement alternatif *(m)*
reciprocating motion

mouvement de bascule *(m)*
seesaw motion

mouvement linéaire *(m)*
linear motion

mouvement ondulaire *(m)*
wave motion

mouvement ondulatoire *(m)*
wave motion

mouvement rotatif *(m)*
rotary motion

moyen
average, mean

moyen-courrier *(m)*
  medium-range aircraft
moyenne *(f)*
  average, mean
moyenne quadratique *(f)*
  root mean squared
moyeu *(m)*
  hub, boss
multi-accès (système —)*(m)*
  multi-access system
multi-canaux
  multi-channel
multi-rôle

  multi-role
multicible
  multi-target
multifonctions
  multifunction
multimode
  multimode
multimoteur *(m)*
  multi-engined aircraft
munir de *(v)*
  to equip with, to fit with
mur du son *(m)*
  sound barrier

N

nacelle *(f)*
nacelle, pod

nacelle alaire *(f)*
wing mounted engine pod

nacelle moteur *(f)*
engine nacelle

nappe de brouillard *(f)*
fog patch

nation *(f)*
nation

national
national

nationalité *(f)*
nationality

navette aérienne *(f)*
shuttle service

navigabilité *(f)*
airworthiness

navigateur *(m)*
navigator

navigateur de vol *(m)*
flight navigator

navigation *(f)*
navigation

navigation à inertie *(f)*
inertial navigation

navigation à l'estime *(f)*
dead reckoning navigation

navigation à longue distance *(f)*
long distance navigation

navigation à vue *(f)*
visual navigation

navigation aérienne *(f)*
air navigation

navigation radio *(f)*
radio navigation

naviguer *(v)*
to navigate

navire météo *(m)*
weather ship

nébulosité *(f)*
cloud amount

négatif
negative

neige *(f)*
snow

neige carbonique *(f)*
dry ice

neige en mouvement *(f)*
drifting snow

neige fondante *(f)*
slush, melting snow

neige fondue *(f)*
sleet, slush

neige fraîche *(f)*
fresh snow

neige gelée *(f)*
frozen snow

neige tassée *(f)*
packed snow

neiger *(v) (impers)*
to snow

néon *(m)*
neon

nervure *(f)*
rib

neutre
neutral

nez *(m)*
nose

nez basculant *(m)*
droop nose

nid d'abeille *(m)*
honeycomb

nimbo-stratus *(m)*
nimbostratus

niveau *(m)*
level

niveau de croisière *(m)*
cruising level

niveau de la mer *(m)*
sea level

niveau de transition *(m)*
transition level

niveau de vol *(m)*
flight level

niveau de vol (atteindre un —) *(v)*
to reach a flight level

niveau de vol (libérer un —) *(v)*
to leave a flight level

niveau du sol *(m)*
ground level

niveau moyen de la mer *(m)*

mean sea level

niveau sonore *(m)*
noise level

nœud *(m)*
knot

nombre de Mach *(m)*
Mach number

nombre de Mach critique *(m)*
critical Mach number

nombre de Reynolds *(m)*
Reynolds number

nord (du —)
northern, northerly

nord *(m)*
north

nord (qui indique le —)
north-seeking

nord compas *(m)*
compass north

nord géographique *(m)*
true north

nord magnétique *(m)*
magnetic north

nord vrai *(m)*
true north

normalisation *(f)*
standardisation

nourrice *(f)*
collector tank, auxiliary tank

noyaux de condensation *(mpl)*
condensation nuclei

noyé
embedded (cumulonimbus)

nuage *(m)*
cloud

nuage de pluie *(m)*
raincloud

nuage de rotor *(m)*
rotor cloud

nuage en couches *(m)*
layer cloud

nuage en monceaux *(m)*
heap cloud

nuage en (forme de) rouleau *(m)*
roll cloud

nuage inférieur *(m)*
low cloud

nuage moyen *(m)*
medium cloud

nuage supérieur *(m)*
upper cloud

nuages (au-dessus des —)
on top of the clouds

nuages (hors des —)
clear of cloud

nuages (sans —)
cloudless

nuageux
cloudy

nucléaire
nuclear

nuit *(f)*
night

numérique
digital

numéro *(m)*
number

nylon *(m)*
nylon

O

objet non arrimé *(m)*
loose article

obligatoire
mandatory, compulsory

oblique
oblique

oblong(ue)
oblong, rectangular

obscurci
obscured

obscurcir (s' —) *(v)*
to get dark (ciel), to cloud over

obscurité *(f)*
obscurity

observateur/trice *(m/f)*
observer

observation *(f)*
observation

observation vers le haut et vers le bas *(f)*
look up/look down

obstacle *(m)*
obstacle, obstruction

obstacle le plus élevé *(m)*
highest obstacle

obtenir *(v)*
to obtain

obturateur *(m)*
blank, seal

obturateur d'entrée d'air *(m)*
intake blank

obturateur de sortie d'air *(m)*
exhaust blank

obturer *(v)*
to blank, to blank off, to seal off

occidental
western

occlusion *(f)*
occlusion

occlusion à caractère de front chaud *(f)*
warm occlusion

occlusion à caractère de front froid *(f)*
cold occlusion

occlusion en vortex *(f)*
backbent occlusion

océan *(m)*
ocean

océanique
oceanic

octa *(m)*
octa

œil du cyclone *(m)*
eye of the storm

œilleton de visée *(m)*
grid ring

officier mécanicien navigant OMN *(m)*
flight engineer

officier pilote *(m)*
first officer, co-pilot

offshore *(adj)*
offshore

offshore *(m)*
offshore (pétrole)

ogive *(f)*
warhead

omnidirectionnel
omni directional

onde *(f)*
wave

onde orographique *(f)*
mountain wave

ondes (grandes —) *(fpl)*
long wave (s)

ondes (petites —) *(fpl)*
short wave(s)

ondes continues modulées *(fpl)*
modulated continuous waves

ondes courtes *(fpl)*
short wave(s)

ondes de choc *(fpl)*
shock waves

ondes de choc amont *(fpl)*
bow waves

ondes de relief *(fpl)*
mountain waves

ondes de sol *(fpl)*
ground waves

ondes entretenues *(fpl)*
continuous waves

ondes micrométriques *(fpl)*
microwaves

ondes moyennes *(fpl)*
medium waves

ondes porteuses *(fpl)*

carrier waves
ondes réfléchies *(fpl)*
 sky waves
ondes sinusoïdales *(f)*
 sine waves
ondes sonores *(fpl)*
 sound waves
ondes stationnaires *(fpl)*
 standing waves
ondulation *(f)*
 undulation, wave
onduleur *(m)*
 inverter
opaque
 opaque, dense (brouillard)
opérateur radio *(m)*
 radio operator
opérationnel
 operational
opérations aériennes *(fpl)*
 flight operations
opérations de vol *(fpl)*
 flight operations
opératoire
 operating
opposer *(v)*
 to oppose
optimisation *(f)*
 optimisation
optimiste (être —)*(v)*
 to overread
optimum *(m)*
 optimum
optique
 optical
orage *(m)*
 storm, thunderstorm
orage de grêle *(m)*
 hail storm
orageux
 stormy
orbiter *(v)*
 to orbit
ordinateur *(m)*
 computer
ordinateur de gestion de vol *(m)*
 flight management computer

organe *(m)*
 component, unit
organe de servitude *(m)*
 auxiliary service
Organisation de l'Aviation Civile Internationale OACI *(f)*
 International Civil Aviation Organisation ICAO
Organisation Météorologique Mondiale *(f)*
 World Meteorological Organisation
orientable
 steering, swivelling
oriental
 eastern
orientation *(f)*
 orientation, positioning
orienter *(v)*
 to orientate, to position
orifice *(m)*
 orifice, aperture
orographique
 orographic
orthodromie *(f)*
 shorter arc of a great circle joining two points on the surface of the earth
orthodromique
 orthodromic
oscillateur *(m)*
 oscillator
oscillation *(f)*
 oscillation, fluctuation, vibration
oscillation amortie *(f)*
 damped oscillation
oscillation de traînée *(f)*
 hunting (hélicoptère)
oscillation phugoïde *(f)*
 phugoid oscillation
osciller *(v)*
 to oscillate, to fluctuate
ossature *(f)*
 framework, structure
ouest (d' —)
 westerly
ouest *(m)*
 west
ouest (plein —)

due west

ouïe d'entrée d'air *(f)*
air scoop

ouïe de refroidissement *(f)*
cooling gill

ouragan *(m)*
hurricane

outre-mer
overseas

ouvert à fond

fully open

ouvrir *(v)*
to open

oxygène *(m)*
oxygen

oxygène liquide *(m)*
liquid oxygen

ozone *(m)*
ozone

P

pale *(f)*
blade

pale articulée *(f)*
articulated blade

pale de rotor *(f)*
rotor blade

pale rigide *(f)*
rigidly mounted blade

palette *(f)*
pallet, blade

palier *(m)*
bearing (machine), level

palier (mettre en —) *(v)*
to level off/out

palier accéléré *(m)*
accelerated level

palier d'atterrissage *(m)*
float

palonnier *(m)*
rudder bar

panne (en —)
inoperative, unserviceable

panne *(f)*
breakdown

panne d'alimentation en carburant *(f)*
fuel starvation

panne de courant *(f)*
power failure (électricité), electrical
failure

panne de moteur *(f)*
engine failure

panne de moteur au décollage *(f)*
engine failure on take-off

panne de puissance *(f)*
power failure

panne sèche *(f)*
fuel starvation

panneau avertisseur de panne *(m)*
failure warning panel

panneau d'accès *(m)*
access panel

panneau de visite *(m)*
inspection panel

panneau partiel *(m)*
limited panel

papillon des gaz *(m)*
butterfly valve, throttle

par (passer —) *(v)*
to go by, to go via

par le travers de
abeam

parabolique
parabolic

parachutage *(m)*
parachuting, dropping by parachute

parachute *(m)*
parachute

parachute anti-vrille *(m)*
anti-spin parachute

parachute de queue *(m)*
tail parachute

parachute dorsal *(m)*
back type parachute

parachute frein *(m)*
braking parachute, drogue parachute

parachutisme *(m)*
parachuting

parachutisme ascensionnel *(m)*
paragliding

parachutiste *(m)*
parachutist

paraffine *(f)*
paraffin

parallaxe *(f)*
parallax

parallèle *(f)*
parallel (ligne)

parallèle de latitude *(m)*
parallel of latitude

parallélisme des roues *(m)*
wheel alignment

paramètre *(m)*
parameter

parasites *(mpl)*
interference, atmospherics

parc *(m)*
parking, fleet (avions)

pare-brise *(m)*
windscreen

paroi *(f)*
partition, panel

parquer *(v)*
to park

partance (en —)
outbound
particule *(f)*
particle
particules hygroscopiques *(fpl)*
hygroscopic nuclei
partie occasionnellement roulable *(f)*
overrun area
pas *(m)*
pitch, thread (d'une vis)
pas (grand —) *(m)*
coarse pitch
pas (petit —) *(m)*
fine pitch
pas (petit — sol) *(m)*
ground fine pitch
pas (petit — vol) *(m)*
flight fine pitch
pas collectif *(m)*
collective pitch
pas cyclique *(m)*
cyclic pitch
pas de vis *(m)*
thread
pas effectif *(m)*
effective pitch
pas efficace *(m)*
experimental mean pitch
pas fixe *(m)*
fixed pitch
pas général *(m)*
collective pitch
pas géométrique *(m)*
geometric pitch
pas inverse *(m)*
reverse pitch
pas variable *(m)*
variable pitch
passage *(m)*
transition
passage au vol aux instruments *(m)*
change to instrument flight
passage bas *(m)*
low pass
passage des obstacles *(m)*
obstacle clearance
passe de tir *(f)*

firing pass
passerelle *(f)*
air bridge
passif
passive
pastille de silicium *(f)*
silicon chip
patin de queue *(m)*
tail skid
patrouille acrobatique *(f)*
aerobatic team
patrouille aérienne *(f)*
air patrol
patrouille aérienne de combat *(f)*
combat air patrol
patrouilleur maritime *(m)*
maritime patrol aircraft
perte *(f)*
loss
pédale de direction *(f)*
rudder pedal
pédale de frein *(f)*
brake pedal
pellicule *(f)*
film, thin layer
pendulaire
pendulous
pendule *(m)*
pendulum
pénétration *(f)*
penetration
pénétrer *(v)*
to penetrate, to enter
pente *(f)*
slope
pente ascendante *(f)*
climb gradient
pente d'approche *(f)*
glideslope
pente de descente *(f)*
glideslope
pente de montée *(f)*
climb gradient
percée *(f)*
letdown, recovery
percée GCA *(f)*
GCA talkdown

percée radio-compas *(f)*
ADF letdown
percer l'avion (faire —)*(v)*
to talkdown (GCA), to recover (avion)
perche de nez *(f)*
nose probe
perche de ravitaillement *(f)*
refuelling probe
perchette *(f)*
nose probe
performance *(f)*
performance
performance (haute —)*(f)*
high performance
performant
capable of high performance
période *(f)*
period
période glaciaire *(f)*
ice age
périodique
periodic
périphérique
peripheral
permanence (être de —)
to be on watch (aiguilleurs du ciel)
permanence *(f)*
watch (aiguilleurs du ciel)
permis
permissible
perpendiculaire *(f)*
perpendicular
personnel au sol *(m)*
ground crew
personnel de piste *(m)*
ground crew
personnel navigant commercial PNC *(m)*
cabin crew
personnel navigant technique PNT *(m)*
air crew
personnes à bord (POB) *(fpl)*
persons on board
perte de charge *(f)*
pressure drop
perte de pression *(f)*
loss of pressure
perte de puissance *(f)*

loss of power
perte minimale d'altitude *(f)*
minimum loss of height
perturbation *(f)*
disturbance
perturbation atmosphérique *(f)*
atmospheric disturbance
perturber *(v)*
to disturb
pesanteur *(f)*
gravity, heaviness
pesée *(f)*
weighing
pesée (fiche de —) *(f)*
load sheet
peser *(v)*
weigh
pessimiste (être —)*(v)*
to underread
pétarade *(f)*
backfire
pétarader *(v)*
to backfire
phare *(m)*
lighthouse, beacon
phare à éclipse *(m)*
occulting light
phare aéronautique *(m)*
aeronautical light
phare d'aérodrome *(m)*
aerodrome beacon
phare d'aéroport *(m)*
airport beacon
phare d'atterrissage *(m)*
landing light
phare d'identication *(m)*
identification beacon, identification light
phare de jalonnement *(m)*
airways beacon
phare de navigation *(m)*
airways beacon
phare de rappel *(m)*
aerodrome beacon
phare de roulement *(m)*
taxi light
phare tournant *(m)*
rotating beacon

phase *(f)*
phase

phase de référence *(f)*
reference phase

phénomène *(m)*
phenomenon

photogrammétrie *(f)*
photographic survey

photographie *(f)*
photography, photograph

photographie aérienne *(f)*
aerial photography

phraséologie *(f)*
phraseology

physique
physical

physique *(f)*
physics

pièce de rechange *(f)*
spare part

pièce mobile *(f)*
moving part

pied *(m)*
foot

pied de bielle *(m)*
small end

piège à couche limite *(m)*
boundary layer bleed

pignon *(m)*
pinion, cogwheel, sprocket

pile *(f)*
battery, cell

pile à combustible *(f)*
fuel cell

pile sèche *(f)*
dry cell battery

pilotage *(m)*
piloting, flying

pilotage à deux *(m)*
two-crew operation

pilotage aux fesses *(m)*
flying by the seat of one's pants

pilotage manuel *(m)*
manual flying

pilotage pendulaire *(m)*
flying by weight shift

pilote *(m)*
pilot

pilote automatique *(m)*
automatic pilot

pilote d'essai *(m)*
test pilot

pilote de brousse *(m)*
bush pilot

pilote de chasse *(m)*
fighter pilot

pilote de ligne *(m)*
airline pilot

pilote de permanence *(m)*
duty pilot

pilote privé *(m)*
private pilot

pilote professionnel *(m)*
professional pilot, commercial pilot

pilote stagiaire *(m)*
student pilot

piloter *(v)*
to pilot, to fly

piquage *(m)*
bleed tapping (air, réacteur)

piqué (faire un —)*(v)*
to dive (avion)

piqué *(m)*
dive

piqué en spirale *(m)*
spiral dive

piquer *(v)*
to dive, to pitch down, to nose down

piquetage *(m)*
picketing

pirater des pièces *(v)*
to cannibalise

piste *(f)*
runway, airstrip

piste (en bout de —)
at the end of the runway

piste (remonter la —) *(v)*
to backtrack the runway

piste abandonnée *(f)*
disused runway

piste aux instruments *(f)*
instrument runway

piste balisée *(f)*
flarepath

piste courte *(f)*
short runway

piste en herbe *(f)*
grass strip

piste en service *(f)*
runway in use, active runway

piston *(m)*
piston

pivot *(m)*
pivot

pivoter *(v)*
to pivot, to swivel

place (mettre en —) *(v)*
to fit

placement *(m)*
marshalling

placer *(v)*
to install, to marshal

places (nombre de —) *(m)*
seating capacity

placeur *(m)*
marshaller

plafond *(m)*
ceiling

plafond absolu *(m)*
absolute ceiling

plafond de croisière *(m)*
cruising ceiling

plafond des nuages *(m)*
cloud base, cloud ceiling

plafond maximum d'exploitation *(m)*
maximum operating ceiling

plafond opérationnel *(m)*
operational ceiling

plafond pratique *(m)*
service ceiling

plafond théorique *(m)*
absolute ceiling

plafonner *(v)*
to reach the ceiling

plage *(f)*
range, bracket

plage de centrage *(f)*
centre of gravity range, (C. of G. range)

plage de fonctionnement *(f)*
operating range

plan *(m)*
plane, plan, blueprint, schedule

plan de rotation *(m)*
plane of rotation

plan de vol *(m)*
flight plan

plan de vol (soumettre un —) *(v)*
to file a flight plan

plan du disque balayé *(m)*
tip plane path

plan fixe *(m)*
tail plane

plan fixe à incidence variable *(m)*
variable incidence tailplane

plan fixe horizontal *(m)*
horizontal stabiliser

plan fixe vertical *(m)*
fin

plan horizontal *(m)*
horizontal plane

plan principal *(m)*
mainplane

planche de bord *(f)*
instrument panel

plancher *(m)*
floor

plancher pressurisé *(m)*
pressurised floor

planéité *(f)*
flatness

planer *(v)*
to glide, to soar

planeur *(m)*
glider, sailplane

planeur motorisé *(m)*
motorised glider

plaque *(f)*
plate

plaque obturatrice *(f)*
blanking plate

plaque tournante *(f)*
hub (aéroport)

plate-forme d'accès *(f)*
servicing platform

plate-forme inertielle *(f)*
inertial platform

plate-forme pour hélicoptères *(f)*
helicopter landing area

plateau oscillant *(m)*
swash plate

plein (faire le —) *(v)*
to fuel, to refuel

plein régime *(m)*
full power

pleins gaz *(mpl)*
full throttle, full power

pleuvasser *(v)(impers)*
to spit (pluie)

pleuvasser par averses *(v)(impers)*
to shower, to be showery

pleuvoir *(v)(impers)*
to rain

pleuvoter *(v)* = **pleuvasser**
to spit (pluie)

plonger *(v)*
to dive

pluie *(f)*
rain

pluie battante *(f)*
heavy rain

pluie diluvienne *(f)*
pouring rain

pluie fine *(f)*
fine rain, drizzle

pluie intermittente *(f)*
intermittent rain, occasional rain

pluie se congelant *(f)*
freezing rain

pluie torrentielle *(f)*
torrential rain, downpour

pluie verglaçante *(f)*
freezing rain

pluvieux
rainy

pluviomètre *(m)*
rain gauge

pneu *(m)*
tyre

pneu à plat *(m)*
flat tyre

pneu dégonflé *(m)*
flat tyre

pneumatique
pneumatic

poids *(m)*
weight

poids à l'atterrissage *(m)*
landing weight

poids à vide *(m)*
empty weight

poids au décollage *(m)*
take-off weight

poids maximal à l'atterrissage *(m)*
maximum landing weight

poids maximal au décollage *(m)*
maximum take-off weight

poids maximum *(m)*
maximum weight

poids par roue seule isolée P/RSI *(m)*
load classification number LCN

poids total *(m)*
all-up weight

poids total brut *(m)*
gross weight

poids total sans carburant *(m)*
zero fuel weight

poignée *(f)*
handle

poignée d'ouverture *(f)*
ripcord, parachute opening handle

poignée de largage *(f)*
jettison handle

poignée de siège *(f)*
seat handle

poil de gaz *(m)*
trickle of power

point *(m)*
point, place, position, fix

point (faire le —) *(v)*
to plot a position

point (mettre au —) *(v)*
to develop

point (mise au —) *(f)*
development

point cardinal *(m)*
cardinal point

point d'appui *(m)*
fulcrum

point d'arrêt *(m)*
stagnation point

point d'atterrissage *(m)*
touchdown point

point d'ébullition *(m)*
boiling point
point d'entrée *(m)*
point of entry
point d'impact *(m)*
touchdown point
point de cheminement *(m)*
waypoint
point de compte rendu *(m)*
reporting point
point de congélation *(m)*
freezing point
point de décollement *(m)*
separation point
point de départ *(m)*
departure point, point of departure
point de fusion *(m)*
melting point
point de levage *(m)*
jacking point
point de non-retour *(m)*
point of no return
point de référence *(m)*
datum
point de référence aérodrome *(m)*
aerodrome reference point
point de repère *(m)*
landmark, waypoint, datum point
point de report *(m)*
reporting point
point de rosée *(m)*
dewpoint
point de saturation *(m)*
saturation point
point de transition *(m)*
transition point
point éclair *(m)*
flashpoint
point fixe (faire le —) *(v)*
to run-up the engine
point fixe *(m)*
engine run-up, engine ground run
point identifié *(m)*
pinpoint
point milieu *(m)*
critical point
point mort *(m)*

dead centre
point mort bas *(m)*
bottom dead centre
point mort haut *(m)*
top dead centre
point neutre *(m)*
neutral point
point tournant *(m)*
turning point, waypoint
pointage *(m)*
plotting
pointe arrière *(f)*
tail cone
pointe avant *(f)*
nose cone
pointer *(v)*
to plot, to point
polaire
polar
polarisation *(f)*
polarisation
polarité *(f)*
polarity
pôle *(m)*
pole
pôle magnétique *(m)*
magnetic pole
pôle Nord *(m)*
North pole
pôle Sud *(m)*
South pole
pollution *(f)*
pollution
polyvalent
multi-purpose
pompage *(m)*
surging, surge, pumping
pompage compresseur *(m)*
compressor stall
pompe *(f)*
pump
pompe à carburant *(f)*
fuel pump
pompe à huile *(f)*
oil pump
pompe à main *(f)*
hand pump

pompe à vide *(f)*
vacuum pump
pompe aspirante *(f)*
suction pump
pompe d'amorçage *(f)*
priming pump
pompe de gavage *(f)*
priming pump, booster pump
pompe de mise en drapeau *(f)*
feathering pump
pompe de récupération *(f)*
scavenge pump
pompe de reprise *(f)*
accelerator pump
pompe de servo-commande *(f)*
servo pump
pompe de suralimentation *(f)*
booster pump
pompe de vidange *(f)*
scavenge pump
pompe doseuse *(f)*
metering pump
pompe entraînée par le moteur *(f)*
engine driven pump
pompe hydraulique *(f)*
hydraulic pump
pompe mécanique *(f)*
mechanical pump
pont *(m)*
deck, bridge
pont d'envol à piste oblique *(m)*
angled flight deck
pont supérieur *(m)*
upper deck
pont-bascule *(m)*
weighbridge
portance *(f)*
lift
portance négative *(f)*
negative lift
portance nulle *(f)*
zero lift
portatif
portable
porte *(f)*
door
porte cargo *(f)*

cargo door
porte d'entrée *(f)*
entrance door
porte de chargement *(f)*
loading door
porte de visite *(f)*
access door, inspection panel
porte du train avant *(f)*
nosewheel door
porte du train d'atterrissage *(f)*
undercarriage door
porte du train principal *(f)*
main undercarriage door
porte-avions *(m)*
aircraft carrier
porte-bagages *(m)*
luggage rack
porte-carte *(m)*
map case
porte-helicoptères *(m)*
helicopter carrier
portée *(f)*
range, reach, capacity
portée (courte —)*(f)*
short-range
portée (longue —)*(f)*
long-range
portée oblique *(f)*
slant range
portée optique *(f)*
optical range, line of sight range
portée visuelle de la piste PVP *(f)*
runway visual range RVR
portion de montée *(f)*
segment climb
posé *(m)*
landing (hélicoptère), touchdown
posé/décollé *(m)*
touch-and-go (atterrissage)
poser (se — le plus rapidement
possible) *(v)*
to land as soon as possible
positif
positive
position *(f)*
position
position air *(f)*

air position
position basse *(f)*
down position
position haute *(f)*
up position
position identifiée *(f)*
pinpoint
position inusuelle *(f)*
unusual position, unusual attitude
position neutre *(f)*
neutral position
position sol *(f)*
ground position
positionner *(v)*
to position
possible
possible
post-combustion *(f)*
afterburning, reheat
poste *(f)*
post, mail
poste aérienne *(f)*
air mail
poste *(m)*
post (emploi), set, point
poste d'avitaillement *(m)*
refuelling point
poste d'incendie *(m)*
fire point
poste de pilotage *(m)*
cockpit
poste de pilotage tout à l'avant *(m)*
forward facing cockpit concept FFCC
poste de radio *(m)*
radio set
poste émetteur *(m)*
transmitting station
poste pilote *(m)*
pilot's position
poste radio *(m)*
radio station
poste récepteur *(m)*
receiving station
postes (sélecteur de —) *(m)*
station selector
pot fumigène *(m)*
smoke pod

potentiel atteint *(m)*
time expired
potentiel entre révisions *(m)*
time between overhauls TBO
potentiomètre *(m)*
potentiometer
pouce *(m)*
inch
pouces de mercure *(mpl)*
inches of mercury
poulie *(f)*
pulley
pourcentage *(m)*
percentage
poursuite *(f)*
tracking
poursuite sur information discontinue *(f)*
track-while-scan
poursuivre *(v)*
to track
pourtour *(m)*
circumference, perimeter
poussée *(f)*
thrust
poussée à sec *(f)*
dry thrust
poussée brute *(f)*
gross thrust
poussée nette *(f)*
net thrust
poussée orientable *(f)*
vectored thrust, variable thrust
poussée sèche *(f)*
dry thrust
poussée statique *(f)*
static thrust
poussée vectorielle *(f)*
vectored thrust
pousser *(v)*
to push, to push back (roulement)
pousser doucement sur le manche *(v)*
to ease the stick forward
pousser sur le manche *(v)*
to push the stick forward
poussière *(f)*
dust
poussoir *(m)*

button

poutre de queue *(f)*
tail boom

pouvoir calorifique *(m)*
calorific value

pré-programmer *(v)*
to pre-programme

pré-série
pre-production

préallumage *(m)*
pre-ignition

précautions spéciales *(fpl)*
special precautions

précesser *(v)*
to precess

précession *(f)*
precession

précipitation *(f)*
precipitation

précis
accurate (instrument)

préci.ion *(f)*
accuracy, precision

prélèvement *(m)*
bleed

prélèvement d'air *(m)*
air bleed

prélever sur *(v)*
to bleed from

préparation de vol *(f)*
preparation for flight

préparation du vol *(f)*
pre-flight planning

prérégler *(v)*
to preset

présélectionner *(v)*
to preselect

présentation *(f)*
presentation, display

présentation de mauvais temps *(f)*
bad weather display

présenter *(v)*
to present, to display

pression *(f)*
pressure, snap fastener

pression (basse —)*(f)*
low pressure

pression (haute —)*(f)*
high pressure

pression (mettre en —)*(v)*
to pressurise

pression d'admission *(f)*
manifold pressure, boost pressure

pression d'huile *(f)*
oil pressure

pression de gonflage *(f)*
inflation pressure, tyre pressure

pression dynamique *(f)*
dynamic pressure

pression hydraulique *(f)*
hydraulic pressure

pression standard de 1013 millibars *(f)*
standard pressure setting of 1013 millibars

pression statique *(f)*
static pressure

pression totale *(f)*
pitot pressure, total pressure

pressurisation *(f)*
pressurisation

pressuriser *(v)*
to pressurise

prêt
ready

prévention des abordages *(f)*
collision avoidance

prévision *(f)*
forecast

prévision d'aérodrome *(f)*
aerodrome forecast TAF

prévision d'atterrissage *(f)*
landing forecast

prévision de route *(f)*
route forecast

prévision de zone *(f)*
area forecast

prévision générale *(f)*
general inference

prévision météo *(f)*
weather forecast

prévisionniste *(m/f)*
forecaster

prévoir *(v)*
to forecast

primaire

primary
principal
main
printemps *(m)*
spring
prise d'air *(f)*
air intake, air scoop
prise de courant *(f)*
plug, socket, power point
prise de pression statique *(f)*
static pressure source, static vent
prise directe (en —)
coupled
prise directe *(f)*
direct drive
prise multiple *(f)*
adapter
prise statique de fuselage *(f)*
fuselage static source
privilèges *(mpl)*
privileges
prix de revient de l'heure de vol *(m)*
cost per flying hour
procéder *(v)*
to proceed
procédure *(f)*
procedure
procédure anti-bruit *(f)*
noise abatement procedure
procédure d'approche *(f)*
approach procedure
procédures d'urgence *(fpl)*
emergency procedures
processeur *(m)*
processor
processeur modulaire d'image *(m)*
modular image processor MIP
profil *(m)*
aerofoil section, profile
profiler *(v)*
to streamline
profond
deep
profond (peu —)
shallow
programmation *(f)*
programming

programme *(m)*
programme, schedule
programme de maintenance *(m)*
maintenance schedule
projecteur *(m)*
searchlight, floodlight
projection *(f)*
projection
projet *(m)*
plan, project
prolongement d'arrêt *(m)*
stopway
prolongement dégagé *(m)*
clearway
promenade aérienne *(f)*
pleasure flight, local flight
propagation *(f)*
propagation
propfan *(m)*
propfan
proportion *(f)*
proportion, ratio
proportionnel
proportional
propriété *(f)*
property
propriétés physiques *(fpl)*
physical properties
propulser *(v)*
to propel
propulseur *(m)*
propeller, engine
propulsif
propulsive
propulsion *(f)*
propulsion
propulsion à réacteur *(f)*
jet propulsion
propulsion à réaction *(f)*
jet propulsion
protecteur
protective
protecteur anti-poussière *(m)*
dust cap
protection *(f)*
protection
prototype *(m)*

prototype
provenance (en — de)
coming from
proximité *(f)*
proximity
prudence (agir avec —)*(v)*
to proceed with caution
prudence *(f)*
caution
puce électronique*(f)*
silicon chip
puisard *(m)*
sump
puissance *(f)*
power
puissance (défaut de —) *(m)*
power failure
puissance (manque de —) *(m)*
power failure
puissance (mettre en —) *(v)*
to switch on the power, to put on the
power
puissance (mise en —)*(f)*
opening up (du moteur)
puissance (perte de —)*(f)*
loss of power
puissance aérienne *(f)*
air power
puissance au frein *(f)*
brake horsepower
puissance cheval-vapeur *(f)*
horsepower
puissance de décollage *(f)*
take-off power
puissance de secours *(f)*
emergency power
puissance de sortie *(f)*
power output
puissance disponible *(f)*
available power

puissance du couple *(f)*
rotary power
puissance en watts *(f)*
wattage
puissance massique *(f)*
power/weight ratio
puissance maximum continue *(f)*
maximum continuous power MCP
puissance ralenti *(f)*
idling power
puissance sur arbre *(f)*
shaft horsepower
puissance utilisable *(f)*
available power
puissance-crête *(f)*
peak power
puissant
powerful
puits de train *(m)*
undercarriage bay
pulsation *(f)*
pulsation
pulvérisateur *(m)*
atomiser, spray nozzle
pulvérisation *(f)*
atomisation, spraying
pulvériser *(v)*
to atomise, to spray
pupitre de commande *(m)*
control panel
purge *(f)*
purging, bleeding
purger *(v)*
to purge, to bleed (freins)
pylône *(m)*
pylon
pylône réacteur *(m)*
engine pylon
pyrotechnique
pyrotechnic

Q

QDM
  magnetic heading towards the station

QDR
  magnetic bearing of an aircraft in relation to a fixed station

QFE
  altimeter setting required to make the altimeter read zero on an aircraft

QNH
  altimeter setting required to make the altimeter read height above sea level

QTE
  true bearing

quadripale *(f)*
  four-bladed propeller

quadriréacteur *(m)*
  four-engined jet aircraft

qualification *(f)*
  qualification

qualification de type *(f)*
  type rating

qualification de vol aux instruments *(f)*
  instrument rating

qualification de vol de nuit *(f)*
  night rating

qualifier (se —) *(v)*
  to qualify

quantité de mouvement *(f)*
  momentum

quasi-collision *(f)*
  near miss

quatre points cardinaux *(mpl)*
  cardinal points (compass)

queue *(f)*
  tail

quille *(f)*
  keel, ventral fin

quitter *(v)*
  to leave

quotidien
  daily

R

rabattant *(m)*
lee wave

raccord *(m)*
join, union, coupling

raccord Karman *(m)*
wing fillet

raccordement *(m)*
connection

raccorder *(v)*
to join, to link up

raccourci
shortened (fuselage)

racine carrée *(f)*
square root

radar *(m)*
radar

radar (surface équivalente —)*(f)*
radar cross-section

radar à balayage électronique *(m)*
phased-array radar

radar à impulsions *(m)*
pulse radar

radar d'approche *(m)*
approach radar

radar d'approche de précision *(m)*
precision approach radar

radar d'interception sur aéronefs *(m)*
airborne interception radar AI

radar de précision *(m)*
precision radar

radar de recherche *(m)*
search radar

radar de suivi de terrain *(m)*
terrain following radar

radar de surveillance *(m)*
surveillance radar

radar météo *(m)*
weather radar

radar météo détecteur d'orages *(m)*
storm warning radar

radar primaire *(m)*
primary radar

radar secondaire *(m)*
secondary radar

radar secondaire de surveillance *(m)*
secondary surveillance radar

radar télémétrique *(m)*
radar ranging

radar terrestre *(m)*
ground radar

radar-altimètre *(m)*
radar altimeter, rad alt (en abrégé)

radariste *(m/f)*
radar operator

radeau de sauvetage *(m)*
liferaft

radeau pneumatique *(m)*
inflatable raft

radial *(m)*
radial

radiateur *(m)*
radiator

radiateur d'huile *(m)*
oil cooler

radiation *(f)*
radiation

radiation solaire *(f)*
solar radiation

radio *(f)*
radio

radio-altimètre *(m)*
radio altimeter

radio-contrôlé
radio controlled

radioalignement de descente *(m)*
glideslope ILS

radioalignement de piste *(m)*
localiser

radiobalise *(f)*
radio beacon, marker beacon

radiobalise extérieure *(f)*
outer marker

radiobalise intérieure *(f)*
inner marker

radiobalise intermédiaire *(f)*
middle marker

radioborne *(f)*
marker beacon

radioborne en éventail *(f)*
fan marker

radioborne extérieure *(f)*
outer marker

radioborne intérieure *(f)*

inner marker
radioborne intermédiaire *(f)*
middle marker
radiocommunication *(f)*
radio communication
radiocompas *(m)*
radio compass
radiogoniomètre *(m)*
radio direction finder
radiogoniomètre automatique *(m)*
automatic direction finder ADF
radiogoniométrie *(f)*
radio direction finding
radioguidé
radio controlled
radiomètre à balayage *(m)*
scanner
radiophare *(m)*
radio beacon
radiophare d'alignement *(m)*
radio range beacon
radiophare d'alignement de descente *(m)*
glidepath transmitter
radiophare d'alignement de piste *(m)*
localiser transmitter
radiophare de voie aérienne *(m)*
airways beacon
radiophare non directionnel *(m)*
non-directional radio beacon NDB
radiophare omnidirectionnel VHF *(m)*
VHF omnidirectional range beacon (VOR)
radioralliement *(m)*
homing
radiosonde *(f)*
radio sonde
radôme *(m)*
radome
rafale *(f)*
gust, flurry (neige)
rafales (avec des — jusqu' à)
gusting up to
rafales (en —)
gusting, in gusts
rafales (par —)
gusting, in gusts
raid aérien *(m)*
air raid

raide
stiff, taut, steep (pente)
raideur *(f)*
stiffness, tautness, steepness
raidisseur *(m)*
stiffener
rainurage *(m)*
runway grooving
ralenti *(m)*
slow running, idling
ralenti au sol *(m)*
ground idling
ralenti de vol *(m)*
flight idling
ralentir *(v)*
to idle, to slow run, to slow down
ralliement *(m)*
homing, rejoining
rallier *(v)*
to home, to rejoin
rallumage en vol *(m)*
relighting in flight
rallumage réacteur *(m)*
engine relight
rallumer *(v)*
to relight
rampe *(f)*
ramp
rampe d'allumage *(f)*
ignition harness
rampe d'évacuation *(f)*
escape chute
rampe de balisage *(f)*
runway lighting
rampe de chargement *(f)*
loading ramp
rapide
fast, rapid
rapport (faire faire un — à) *(v)*
to debrief (personne)
rapport *(m)*
ratio, report, debriefing
rapport air/carburant *(m)*
air/fuel ratio
rapport de compression *(m)*
compression ratio
rapport de dilution *(m)*

bypass ratio
rapport poussée/masse *(m)*
thrust/weight ratio
rapport poussée/poids *(m)*
thrust/weight ratio
rapporteur *(m)*
protractor
rapprochement (en —)
inbound
raréfié
rarefied
raté d'allumage *(m)*
misfire, misfiring
rattrapage *(m)*
retrospective modification
rattraper le décrochage *(v)*
to unstall
ravitaillement en vol *(m)*
inflight refuelling
ravitailler en vol *(v)*
to refuel in flight
rayon *(m)*
radius, ray, beam
rayon d'action *(m)*
operating range, radius of action
rayon d'action (à court —)
short-range
rayon d'action (à grand —)
long-range
rayon d'action par vent nul *(m)*
still air range
rayon de virage *(m)*
radius of turn, turning radius
rayon minimal de virage *(m)*
minimum radius of turn
rayonnement *(m)*
radiation (chaleur)
rayonner *(v)*
to radiate
réactance *(f)*
reactance
réacteur *(m)*
jet engine
réacteur à double corps *(m)*
twin-spool engine
réacteur à double flux *(m)*
bypass engine, fan engine

réacteur à poussée orientable *(m)*
variable thrust engine
réacteur de sustentation *(m)*
lift engine
réactif
reactive
réaction *(f)*
reaction, feedback
réagir *(v)*
to react
réapprovisionnement *(m)*
replenishment, replenishing
réapprovisionner *(v)*
to replenish, to restock
réarmement *(m)*
rearming, reloading
réarmer *(v)*
to rearm, to reload, to reset
rebondir *(v)*
to balloon (atterrissage)
rebondissement *(m)*
ballooning (atterrissage)
recalage *(m)*
resetting, readjustment
recalage des gyros *(m)*
gyro setting
recaler *(v)*
to reset (altimètre)
récepteur *(m)*
receiver
récepteur de balise *(m)*
marker receiver
récepteur téléphonique *(m)*
headphone
réception *(f)*
reception, acceptance
réceptionner *(v)*
to check and sign for
recevoir *(v)*
to receive
réchauffage carburateur *(m)*
carburettor heat
réchauffage moteur *(m)*
engine warm-up
réchauffe *(f)*
reheat, warm-up (moteur)
réchauffement *(m)*

warming up (temps)
réchauffer *(v)*
 to reheat, to warm up
réchauffeur de carburant *(m)*
 fuel heater
réchauffeur de pitot *(m)*
 pitot head heater
recherche *(f)*
 search, research
recherche de criques *(f)*
 crack testing
recherche et sauvetage *(f)*
 search and rescue
recherche-développement *(f)*
 research and development
réciproque
 reciprocal
réciproque *(f)*
 reciprocal
reconnaissance *(f)*
 reconnaissance
reconnaissance armée *(f)*
 armed reconnaissance
reconnaissance stratégique *(f)*
 strategic reconnaissance
reconnaissance tactique *(f)*
 tactical reconnaissance
reconversion *(f)*
 conversion
rectangle *(m)*
 rectangle, oblong
recul *(m)*
 recoil
recul de l'hélice *(m)*
 propeller slip
récupérateur *(m)*
 recuperator
récupérer *(v)*
 to salvage, to re-use, to recover
redevances d'aéroport *(fpl)*
 airport charges
redevances d'atterrissage *(fpl)*
 landing fees
redevances de route *(fpl)*
 en route charges
redondance *(f)*
 redundancy

redressement *(m)*
 recovery, righting, straightening up,
 rectification (électricité)
redresser (se —) *(v)*
 to straighten up, to right itself, to recover
redresser *(v)*
 to rectify (électricité)
redresseur *(m)*
 rectifier
réducteur *(m)*
 reduction gear
réduire *(v)*
 to reduce
réduire la puissance *(v)*
 to reduce the power
réduire les gaz *(v)*
 to throttle back
référence extérieure *(f)*
 external reference
réfléchir *(v)*
 to reflect
réflecteur radar *(m)*
 radar reflector
refléter *(v)*
 to reflect
réflexion *(f)*
 reflection
réfraction *(f)*
 refraction
refroidi par air
 air-cooled
refroidi par liquide
 liquid-cooled
refroidir (se —) *(v)*
 to cool, to cool down
refroidissement *(m)*
 cooling
refroidissement par air *(m)*
 air cooling
refroidissement par eau *(m)*
 water cooling
regarder à l'extérieur *(v)*
 to look out
régime *(m)*
 engine speed, system, regulations
régime (réduire le —) *(v)*
 to throttle back

régime
relais

régime constant *(m)*	altimeter setting knob
constant power, constant r.p.m.	**réglage du volume** *(m)*
régime de puissance élevée *(m)*	volume control
high power setting	**règle des altitudes quadrantales** *(f)*
régime de ralenti *(m)*	quadrantal height rule
idling r.p.m.	**règle semi-circulaire** *(f)*
régime de vol à vue *(m)*	semicircular rule
visual flight rules VFR, VFR flight	**règlement** *(m)*
régime de vol aux instruments *(m)*	regulation
instrument flight rules IFR, IFR flight	**règlement de navigabilité** *(m)*
régime économique *(m)*	airworthiness requirement
economical cruising power	**régler** *(v)*
régime maximal *(m)*	to adjust, to calibrate, to tune, to set, to
full power	rig
régime maximum continu *(m)*	**régler le compensateur** *(v)*
maximum continuous power MCP	to trim
régime moteur *(m)*	**règles de l'air** *(fpl)*
power setting, engine speed, engine	rules of the air
r.p.m.	**règles de vol à vue** *(fpl)*
régime moteur constant *(m)*	visual flight rules VFR
constant power setting	**règles de vol aux instruments** *(fpl)*
région *(f)*	instrument flight rules IFR
region, area	**régulateur** *(m)*
région d'information de vol *(f)*	regulator, governor, limiter
flight information region FIR	**régulateur carburant** *(m)*
région de contrôle *(f)*	fuel control unit
control area CTA	**régulateur d'oxygène** *(m)*
région de contrôle terminale *(f)*	oxygen regulator
terminal control area TMA	**régulateur de tension** *(m)*
région océanique *(f)*	voltage regulator
oceanic area	**régulation électronique à pleine autorité**
région supérieure d'information de vol *(f)*	*(f)*
upper information region UIR	full authority digital electronic engine
régions arctiques *(fpl)*	control FADEC
arctic regions, polar regions	**régulation électronique numérique** *(f)*
régions équatoriales *(fpl)*	digital engine control
equatorial regions	**régulier**
régions polaires *(fpl)*	regular
polar regions	**rejoindre** *(v)*
réglable	to join, to rejoin
adjustable	**relâcher** *(v)*
réglage *(m)*	to release
adjusting, calibration, setting, rigging,	**relâcher les freins** *(v)*
tuning	to release the brakes
réglage altimétrique *(m)*	**relais** *(m)*
altimeter setting	relay
réglage altimétrique bouton *(m)*	

relatif
relative
relevé *(m)*
plot, reading
relèvement *(m)*
plot, fix, bearing
relèvement ADF *(m)*
ADF bearing
relèvement gonio *(m)*
loop bearing
relèvement radar *(m)*
radar fix
relèvement vrai *(m)*
true bearing
relever *(v)*
to plot, to read (instrument)
relief *(m)*
relief, contours
remise en œuvre *(f)*
turnround (d'un avion)
remorquage *(m)*
towing
remorquage de banderoles *(m)*
banner towing
remorquer *(v)*
to tow
remorqueur *(m)*
tug
remorqueur planeur *(m)*
glider tug
remotorisation *(f)*
re-engining
remotoriser *(v)*
to re-engine
remous *(m)*
eddy
remplacement moteur *(m)*
engine change
remplissage *(m)*
refuelling, filling up
remplissage sous pression *(m)*
pressure refuelling
rendement *(m)*
efficiency
renforcement *(m)*
reinforcement, strengthening
renforcer *(v)*

to reinforce, to strengthen
reniflard *(m)*
breather
renouveler *(v)*
to renew
renseignements météo *(mpl)*
weather report
rentrée *(f)*
retraction
rentrer *(v)*
to retract, to bring in (train, volets), to bring up (train, volets)
renversement *(m)*
stall turn, wingover
renverser (se —) *(v)*
to overturn
renverser *(v)*
to reverse, to change direction
réparation *(f)*
repair, servicing
réparer *(v)*
to repair
répartition de soute *(f)*
weight distribution sheet
repérage *(m)*
identification
repère *(m)*
reference mark, landmark
repère de cap à tenir *(m)*
heading pointer
repère horaire *(m)*
time mark
repérer *(v)*
to locate, to pinpoint
répéter *(v)*
to repeat, to say again
répétiteur *(m)*
repeater
repliage *(m)*
folding (ailes)
repliage des pales *(m)*
blade folding
replier (se —) *(v)*
to fold (ailes)
replier *(v)*
to fold

répondeur *(m)*
responder
répondeur de bord *(m)*
ATC transponder
répondre *(v)*
to reply, to respond
réponse *(f)*
reply, answer, response
repousser *(v)*
to repel
reptation *(f)*
snaking
réseau d'antennes *(m)*
aerial array
réserve *(f)*
reserve
réserve d'oiseaux *(f)*
bird sanctuary
réserve de carburant *(f)*
fuel reserve
réservoir *(m)*
tank
réservoir d'extrémité de voilure *(m)*
wing tip tank
réservoir d'huile *(m)*
oil tank
réservoir de bout d'aile *(m)*
wing tip tank
réservoir de carburant *(m)*
fuel tank
réservoir de type structure *(m)*
integral tank
réservoir en charge *(m)*
gravity tank
réservoir externe *(m)*
external tank
réservoir hydraulique *(m)*
hydraulic tank
réservoir largable *(m)*
drop tank
réservoir supplémentaire *(m)*
auxiliary tank
résiduel
residual
résistance *(f)*
resistance
résistant au feu

fire resistant
résolution *(f)*
resolution
résonance *(f)*
resonance
respiration sous pression *(f)*
pressure breathing
resserrement *(m)*
constriction
ressort (à —)
spring loaded
ressort *(m)*
spring
ressort à lames *(m)*
leaf spring
ressort de rappel *(m)*
return spring
ressource *(f)*
pull out
ressource brutale *(f)*
sharp pullout
rester *(v)*
to remain
restriction *(f)*
restriction
résultante *(f)*
resultant, total reaction
résultante aérodynamique *(f)*
total reaction
résultat *(m)*
result
rétablissement droit *(m)*
roll off the top
retard (en —)
overdue, late
retard *(m)*
delay, lag (instrument)
retenue (de —)
retaining
réticule *(m)*
graticule
retour *(m)*
return, turnback
retour de flamme *(m)*
backfire
retourner *(v)*
to return, to turnback

rétraction du train *(f)*
undercarriage retraction
retransmettre *(v)*
to relay, to retransmit
rétroviseur *(m)*
rear view mirror
revenir au vol normal *(v)*
to roll out, to return to normal flight
revêtement *(m)*
skin
revêtement (à — de toile)
fabric covered
réviser *(v)*
to overhaul, to service
révision *(f)*
overhaul, servicing
révision partielle *(f)*
top overhaul (moteur)
révolution *(f)*
revolution
rhéostat *(m)*
rheostat
ridoir *(m)*
turnbuckle
rigidité *(f)*
rigidity
rivage *(m)*
shoreline
rivet *(m)*
rivet
rivet noyé *(m)*
flush rivet
rivière *(f)*
river
robinet *(m)*
cock, tap
robinet à pointeau *(m)*
needle valve
robinet basse pression *(m)*
low pressure cock
robinet carburant *(m)*
fuel cock
robinet d'arrêt *(m)*
shut-off cock
robinet d'intercommunication
carburant *(m)*
crossfeed cock

robinet de vidange *(m)*
drain cock
robinet haute pression *(m)*
high pressure cock
robot *(m)*
robot
robustesse *(f)*
robustness
rodage *(m)*
running in
roder *(v)*
to run in
rondelle *(f)*
washer
rondelle de joint *(f)*
gasket
roquette *(f)*
rocket
rose de compas *(f)*
compass rose
rosée *(f)*
dew
rotation *(f)*
rotation
rotation (en —)
revolving
rotation du vent vers la droite *(f)*
veering
rotation du vent vers la gauche *(f)*
backing
rotatoire
rotary
rotor *(m)*
rotor
rotor anti-couple *(m)*
auxiliary rotor
rotor de queue *(m)*
tail rotor
rotor principal *(m)*
main rotor
rotor rigide *(m)*
rigid rotor
rouage *(m)*
cogwheel, cog
roue *(f)*
wheel
roue à aubes *(f)*

impeller
roue de compresseur *(f)*
impeller
roue de turbine *(f)*
turbine wheel
roue train avant *(f)*
nose wheel
rouille *(f)*
rust
roulage au sol *(m)*
taxiing
roulement *(m)*
run
roulement à billes *(m)*
ball bearing
roulement au sol *(m)*
ground run
rouler *(v)*
to roll, to taxi
roulette avant *(f)*
nose wheel
roulette de queue *(f)*
tail wheel
roulis *(m)*
roll
roulis (sortie en —)*(f)*
rolling pullout
roulis (taux de —)*(m)*
rate of roll

roulis hollandais *(m)*
Dutch roll
route (en —)
en route, in motion
route (en — pour)
bound for
route *(f)*
track, route
route à service consultatif *(f)*
advisory route
route aérienne *(f)*
airway
route contrôlée *(f)*
airway
route loxodromique *(f)*
rhumbline track
route orthodromique *(f)*
great circle track
route prévue (être en dehors de la —)*(v)*
to be off track
route réellement suivie *(f)*
track made good
route vraie *(f)*
true track
routine *(f)*
routine
rupteur *(m)*
contact breaker

S

sable *(m)*
sand

sabot arrière *(m)*
tail bumper

sabot de frein *(m)*
brake shoe

sac *(m)*
bag

sac à parachute *(m)*
parachute bag

saison *(f)*
season

saisonnier
seasonal

salle d'embarquement *(f)*
departure lounge

sandow *(m)*
bungee cord

sangler (se —) *(v)*
to strap in

sans objet
not applicable N/A

satellite *(m)*
satellite

saturation *(f)*
saturation

saturé
saturated

saturé (non —)
unsaturated

saturer *(v)*
to saturate

saumon d'aile *(m)*
wing tip

saut en parachute *(m)*
parachute jump

saute de vent *(f)*
sudden change of wind direction, wind shift

sauter (faire —) *(v)*
to fuse, to explode

sauter en parachute *(v)*
to bale out, to jump by parachute

scannage *(m)*
scanning

scanneur *(m)*

scanner

schéma de câblage *(m)*
wiring diagram

science aéronautique *(f)*
airmanship, aeronautic science

science d'aviateur *(f)*
airmanship

scope radar *(m)*
radarscope

sec, sèche
dry

second-pilote *(m)*
second pilot, first officer

secondaire
secondary

secoueur de manche *(m)*
stick shaker

secteur *(m)*
sector, quadrant

secteur chaud *(m)*
warm sector

secteur de manette *(m)*
throttle quadrant

sécurité *(f)*
safety

sécurité aérienne *(f)*
flight safety

segment *(m)*
segment

segment de piston *(m)*
piston ring

sel *(m)*
salt

sélecteur *(m)*
selector

sélecteur de mode *(m)*
mode selector

sélecteur sol/vol *(m)*
ground/flight switch

sélection *(f)*
selection

sélectionner *(v)*
to select

semaine *(f)*
week

semaine (par —)
weekly

semi-actif
semi-active

semi-conducteur *(m)*
semiconductor

sens *(m)*
direction

sens (dans le — des aiguilles d'une montre)
clockwise

sens (dans le — inverse des aiguilles d'une montre)
anti-clockwise

sensation artificielle *(f)*
artificial feel

sensation musculaire *(f)*
artificial feel

sensibilité *(f)*
sensitiveness, sensitivity

sensible
sensitive

séparateur huile/eau *(m)*
oil and water trap

séparation *(f)*
separation

séparation verticale *(f)*
vertical interval

septentrional
northern

série *(f)*
series, set

serpentage *(m)*
snaking

serré
tight, steep (virage)

serrer *(v)*
to tighten

service *(m)*
service

service (hors —)
out of service, unserviceable

service après-vente *(m)*
after-sales service, product support

service consultatif *(m)*
advisory service

service consultatif radar *(m)*
radar advisory service

service courant *(m)*
normal servicing

service d'alerte *(m)*
alerting service

service d'information de vol *(m)*
flight information service

service de dépannage rapide *(m)*
aircraft on ground (AOG) service

services au sol *(mpl)*
ground services

servitudes au sol *(fpl)*
ground equipment

servo-commande *(f)*
servo control

servo-tab *(m)*
servo tab

servomoteur *(m)*
servo motor

seuil *(m)*
threshold, onset

seuil de piste *(m)*
runway threshold

seuil décalé *(m)*
displaced threshold

sextant *(m)*
sextant

'shimmy' *(m)*
shimmy

siège *(m)*
seat

siège éjectable *(m)*
ejector seat

siège éjectable à fusée *(m)*
rocket ejector seat

signal *(m)*
signal

signal de circulation au sol *(m)*
marshalling signal

signal de détresse *(m)*
distress signal

signal lumineux *(m)*
light signal

signalement *(m)*
description (passeport)

signaleur *(m)*
marshaller

signalisation *(f)*
runway lights and markings

signaliser *(v)*
to mark out and light (piste)
signature radar *(f)*
radar signature
signes conventionnels *(mpl)*
conventional signs
significatif
significant
silence radio *(m)*
radio mute
silencieux *(m)*
silencer, squelch (radio)
sillage *(m)*
slipstream, wake
simulateur de vol *(m)*
flight simulator
simulation *(f)*
simulation
simuler *(v)*
to simulate
sinus *(m)*
sine, sinus
siphonnage *(m)*
siphoning
siphonner *(v)*
to siphon
sirène *(f)*
siren
situation *(f)*
situation
sol *(m)*
ground
solaire
solar
soleil *(m)*
sun
solénoïde *(m)*
solenoid
solide *(adj.)*
solid
solide *(m)*
solid
solidification *(f)*
solidification, condensing out
solo (voler en —) *(v)*
to fly solo
sommet des nuages *(m)*

top of the clouds
son *(m)*
sound
son (mur du —) *(m)*
sound barrier
son parasite d'ambiance *(m)*
sidetone
sonar *(m)*
sonar
sonde *(f)*
sonde, sensor
sonique
sonic
sortant
outbound
sortie *(f)*
output, sortie, recovery, lowering (train etc.)
sortie d'atelier (la cérémonie de —) *(f)*
'rollout' ceremony
sortie d'usine (la cérémonie de —) *(f)*
'rollout' ceremony
sortie de secours *(f)*
emergency escape hatch/door
sortie de secours train *(f)*
undercarriage emergency lowering
sortie du train d'atterrissage *(f)*
undercarriage lowering
sortir *(v)*
to lower (train, volets), to leave
souder *(v)*
to weld, to solder
souder par points *(m)*
to spot weld
soudure *(f)*
welding, soldering
soufflage de l'aile *(m)*
wing blowing
soufflante *(f)*
fan, turbofan
soufflante canalisée *(f)*
ducted fan
soufflante carénée *(f)*
ducted fan
souffle réacteur *(m)*
jet efflux
souffler *(v)*

to blow
soufflerie *(f)*
wind tunnel
soufflerie à rafales *(f)*
blowdown windtunnel
soufflerie cryogénique *(f)*
cryogenic windtunnel
soulèvement *(m)*
uprising, uplift, upslope
soulever *(v)*
to raise, to lift up
soupape *(f)*
valve
soupape d'admission *(f)*
inlet valve
soupape d'arrêt *(f)*
shut-off valve
soupape d'échappement *(f)*
exhaust valve
soupape d'isolement *(f)*
shut-off valve
soupape de décharge *(f)*
pressure relief valve
soupape de prélèvement d'air *(f)*
air bleed valve
soupape de surpression *(f)*
pressure relief valve
soupape navette *(f)*
shuttle valve
source *(f)*
source, source (région d'une masse
d'air), supply
source d'alimentation *(f)*
power supply
source d'alimentation extérieure *(f)*
external power supply
souris mobile *(f)*
shock cone
sous-ensemble *(m)*
subassembly
sous-motorisé
underpowered
sous-système *(m)*
subsystem
soute *(f)*
cargo bay, luggage bay
soute à armement *(f)*

weapons bay
soute à bombes *(f)*
bomb bay
soute à frêt *(f)*
freight bay
soute canon *(f)*
gunbay
soutien logistique *(m)*
logistic support
soutien technique *(m)*
technical support
spécification *(f)*
specification
spécifier *(v)*
to specify
spectre *(m)*
spectrum
spirale *(f)*
spiral (dive)
squelch *(m)*
squelch
stabilisé
stabilised, steady
stabiliser *(v)*
to stabilise, to level out
stabiliser (se —) *(v)*
to settle, to stabilise
stabilité *(f)*
stability
stabilité de route *(f)*
directional stability
stabilité dynamique *(f)*
dynamic stability
stabilité en girouette *(f)*
weathercock stability
stabilité en lacet *(f)*
directional stability
stabilité en roulis *(f)*
lateral stability, stability in roll
stabilité latérale *(f)*
lateral stability
stabilité longitudinale *(f)*
longitudinal stability
stabilité longitudinale statique *(f)*
longitudinal static stability
stabilité neutre *(f)*
neutral stability

stabilité statique *(f)*
static stability
stabilité variable *(f)*
variable stability
stable
stable
stage d'instruction *(m)*
training course
stagnation *(f)*
stagnation
stagner *(v)*
to stagnate
standard
standard, normal
standardisation *(f)*
standardisation
standardiser *(v)*
to standardise
station *(f)*
station
station asservie *(f)*
slave station
station principale *(f)*
master station
station radio *(f)*
radio station
station terrestre *(f)*
ground station
stationnaire
stationary
statique
static
stator *(m)*
stator blade
stator de turbine *(m)*
turbine blade
statoréacteur *(m)*
ramjet engine
stockage *(m)*
stocking, inhibiting (moteur)
stocker *(v)*
to stock, to inhibit (moteur)
stratégique
strategic
stratiforme
stratiform
strato-cumulus *(m)*

stratocumulus
stratosphère *(f)*
stratosphere
stratus *(m)*
stratus
stratus bas *(m)*
low stratus
structural
structural
structure *(f)*
structure
sublimation *(f)*
sublimation
subsidence *(f)*
subsidence
subsonique
subsonic
subtropical
subtropical
succion *(f)*
suction
sud *(m)*
south
sud (du —)
southern, southerly
suie *(f)*
soot
suintement *(m)*
oozing, seeping
suinter *(v)*
to ooze, to seep
suivi de terrain *(m)*
terrain following
suivre le cheminement *(v)* (héli)
to hovertaxi
super-décrochage *(m)*
deep stall
superficie *(f)*
surface area
supérieur
upper
supériorité aérienne *(f)*
air superiority
supersonique
supersonic
support moteur *(m)*
engine mounting

support technique *(m)*
technical support
suralimentation *(f)*
supercharging
suralimenter *(v)*
to supercharge
surcharge *(f)*
overloading, overstressing
surcharge (être en —) *(v)*
to be overweight
surcharger *(v)*
to overload, to overstress
surcompresseur *(m)*
supercharger
surcompression *(f)*
supercharging
sûreté intégrée *(f)*
fail/safe
surface *(f)*
surface
surface alaire *(f)*
wing area
surface de discontinuité *(f)*
surface of discontinuity
surface dure *(f)*
hardstanding
surface frontale *(f)*
frontal surface
surface portante *(f)*
lifting surface
surface profilée *(f)*
aerofoil surface
surfusion *(f)*
supercooling
surfusion (en —)
supercooled
surrégime *(m)*
over-revving
surtempérature *(f)*
overtemperature
surtension *(f)*
overvoltage
surveillance extérieure *(f)*
lookout
surveillance maritime *(f)*
maritime surveillance
surveillance radar *(f)*

radar surveillance
surveillé (non —)
unmonitored
surveiller le ciel *(v)*
to keep a good lookout
survitesse *(f)*
overspeed, overspeeding
survivabilité *(f)*
survivability
survol *(m)*
overflying, overflight
survoler *(v)*
to overfly
survoler le cheminement *(v)* (héli)
to hovertaxi
suspension *(f)*
suspension
suspension (en —)
in suspension
suspension dynamique *(f)*
air suspension, suspended by air
sustentation *(f)*
lift
symbole *(m)*
symbol
symbologie *(f)*
symbology
synchronisation *(f)*
synchronisation
synchronisation automatique *(f)*
self synchronising, selsyn
synchroniser *(v)*
to synchronise
synthétique
synthetic
système *(m)*
system
système avertisseur de décrochage *(m)*
stall warning system
système d'anti-collision avec le sol
GCAS *(m)*
ground collision avoidance system
système d'anti-collision avec le sol
GPWS *(m)*
ground proximity warning system
système d'approche contrôlé du sol *(m)*
ground controlled approach system

système d'atterrissage à micro-ondes *(m)*
microwave landing system MLS
système d'atterrissage à trajectoires
multiples *(m)*
microwave landing system MLS
système d'atterrissage automatique *(m)*
automatic landing system
système d'atterrissage aux instruments
(m)
instrument landing system ILS
système d'avertissement de collision *(m)*
collision avoidance radar system
système de chauffe du flux froid *(m)*
plenum chamber burning
système de commande automatique de
vol CADV *(m)*
automatic flight control system
système de commande vocale *(m)*
voice command system
système de conduite de tir *(m)*
fire control system
système de gestion de carburant *(m)*
fuel management system
système de gestion de vol *(m)*
flight management system
système de guidage de la roulette de nez
(m)
nose wheel steering system
système de guidage par micro-ondes à
atterrissage *(m)*
microwave landing system
système de navigation à inertie *(m)*
inertial navigation system
système de navigation et d'attaque *(m)*
navigation and attack system, nav/attack
system

système de pressurisation *(m)*
pressurisation system
système de sensation artificielle *(m)*
'Q' feel system, artificial feel system
système de sonorisation cabine *(m)*
public address system
système de support-vie *(m)*
life support system
système de suspension à la cardan *(m)*
gimbal system
système de transmission des données *(m)*
data link system
système expert *(m)*
expert system
système GCA *(m)*
GCA system
système hydraulique *(m)*
hydraulic system
système infrarouge à balayage frontal *(m)*
forward looking infrared system FLIR
système numérique d'augmentation du
contrôle en tangage à boucle fermée
PCAS *(m)*
control augmentation system PCAS
système pneumatique *(m)*
pneumatic system
système visuel d'indication de pente
d'approche *(m)*
visual approach slope indicator system
VASIS
systèmes de bord *(mpl)*
flight systems
systémier *(m)*
manufacturer

T

tab *(m)*
tab

tab à commande électrique *(m)*
electrically operated trim tab

tab à ressort *(m)*
spring tab

tab ajustable *(m)*
fixed trim tab

tab automatique *(m)*
balance tab, geared tab

tab commandé *(m)*
trim tab

tab compensateur *(m)*
trim tab

table de conversion *(f)*
conversion table

table de correction *(f)*
correction table

table de navigation *(f)*
navigation table

tableau de bord *(m)*
instrument panel

tableau de commande du système de vol *(m)*
flight system control panel

tableau de contrôle train *(m)*
undercarriage lights/undercarriage control panel

tableau de panne *(m)*
failure warning panel

tableau lumineux des alarmes *(m)*
failure warning panel

tache solaire *(f)*
sunspot

tachymètre *(m)*
r.p.m. gauge, rev. counter

taille *(f)*
size

talweg *(m)*
trough

tambour de frein *(m)*
brake drum

tampon *(m)*
plug, bung

tampon de frein *(m)*
brake pad

tamponner *(v)*
to plug

tandem *(m)*
tandem

tangage *(m)*
pitch, pitching

tangente *(f)*
tangent

tanguer *(v)*
to pitch

tapin *(m)*
aircraft, kite (argot)

taux *(m)*
rate, ratio

taux de compression *(m)*
compression ratio

taux de détente *(m)*
expansion ratio

taux de dilution *(m)*
bypass ratio

taxe d'atterrissage *(f)*
landing fee, landing tax

taxi aérien *(m)*
air taxi

té d'atterrissagee *(m)*
landing T

technicien *(m)*
technician

technique
technical

technique *(f)*
technique, process

technique aéronautique *(f)*
airmanship

technique d'utilisation *(f)*
operating technique

technologie *(f)*
technology

technologie avancée *(f)*
advanced technology

teinte hypsométrique *(f)*
hypsometric tint

télématique *(f)*
telematics (information technology joined with telecommunications)

télémesure *(f)*
telemetry

télémétrie *(f)*
telemetry
téléphone de bord *(m)*
intercom
télévision à faible niveau de lumière *(f)*
low light television, low light TV
télévision de faible luminosité *(f)*
low light television, low light TV
télévision en circuit fermé *(f)*
closed circuit television
témoin *(m)*
warning light
température *(f)*
temperature
température ambiante *(f)*
ambient temperature
température basse *(f)*
low temperature
température culasse *(f)*
cylinder head temperature
température d'huile *(f)*
oil temperature
température de sortie des gaz *(f)*
exhaust gas temperature EGT
température élevée *(f)*
high temperature
température extérieure *(f)*
outside air temperature OAT
tempéré
temperate
tempête *(f)*
storm
tempête de neige *(f)*
snow storm
tempête de poussière *(f)*
duststorm
tempête de sable *(f)*
sandstorm
temporaire
temporary
temps *(m)*
time, weather
temps (tous —)
all weather
temps bloc à bloc *(m)*
chock-to-chock time
temps chaud *(m)*

warm weather
temps clair *(m)*
clear weather
temps d'arrêt *(m)*
rundown time
temps d'arrêt moteur *(m)*
engine rundown time
temps d'escale *(m)*
turnround time
temps d'immobilisation au sol *(m)*
down time
temps d'utilisation *(m)*
operating time, operating hours
temps de fonctionnement *(m)*
running time
temps de fonctionnement au sol *(m)*
ground running time
temps de réaction *(m)*
reaction time
temps de réponse *(m)*
response time
temps de rotation *(m)*
turnround time
temps de vol *(m)*
flying time, flight time
temps de vol estimé *(m)*
estimated flying time
temps froid *(m)*
cold weather
temps fuseau *(m)*
zone time
temps légal *(m)*
standard time
temps passé *(m)*
past weather
temps présent *(m)*
present weather
temps réel *(f)*
real time
temps sans vent *(m)*
still air time
temps universel TU *(m)*
Greenwich mean time GMT
tendance *(f)*
tendency, trend
tendance à cabrer *(f)*
tail heaviness

tendance à conserver une orientation **fixe** *(f)*
rigidity in space (gyro)
tendance à piquer *(f)*
nose heaviness
tendeur *(m)*
turnbuckle
tenir *(v)*
to keep, to maintain
tension *(f)*
voltage, stress, tension
tension (mettre sous —) *(v)*
to energise
tension (sous —)
live
tension alternative *(f)*
AC voltage
tension continue *(f)*
DC voltage
ténu
tenuous
terminal
terminal, final
terrain *(m)*
terrain, ground
terrain d'atterrissage *(m)*
landing ground
terrain d'aviation *(m)*
airfield
terrain militaire *(m)*
military airfield
terre (à —)
onshore
terre *(f)*
earth, land
terre (mettre à la —) *(v)*
to earth
terre (mise à la —) *(f)*
earthing
terrestre
terrestrial
test *(m)*
'press to test' button
test alarme incendie *(m)*
fire warning 'press to test'
tester *(v)*
to test, to try out

tête de bielle *(f)*
big end
tête de cylindre *(f)*
cylinder head
tête de rotor *(f)*
rotor head
tétrachlorure de carbone *(m)*
carbon tetrachloride
thermique
thermic, thermal,
thermique *(m)*
thermal
thermocouple *(m)*
thermocouple
thermographie *(f)*
thermal imaging
thermomètre *(m)*
thermometer
thermomètre à air ambiant *(m)*
air thermometer
thermomètre d'huile *(m)*
oil temperature gauge
thermomètre de température extérieure *(m)*
air thermometer
thermomètre mouillé *(m)*
wet bulb thermometer
thermomètre sec *(m)*
dry bulb thermometer
tige *(f)*
rod
tige de piston *(f)*
piston rod
timonerie de commande *(f)*
control linkage
tirer *(v)*
to pull, to fire
tirer à fond *(v)*
to pull fully out (commande)
tirer doucement sur le manche *(v)*
to ease the stick fully back
tirer sur le manche *(v)*
to pull the stick back
tirette *(f)*
pull handle
tirette chauffage *(f)*
carburettor heat control

titane *(m)*
titanium
toile *(f)*
fabric
tôle de chicane *(f)*
baffle plate
tolérable
tolerable
tolérance *(f)*
tolerance, allowance
tomber *(v)*
to fall (température, précipitations)
tonne *(f)*
toll, tonne
tonneau (faire un —) *(v)*
to roll
tonneau *(m)*
roll
tonneau à facettes en huit points *(m)*
eight point roll
tonneau à facettes en quatre points *(m)*
four point roll
tonneau ascendant *(m)*
upward roll
tonneau barrique *(m)*
barrel roll
tonneau déclenché *(m)*
flick roll
tonneau lent *(m)*
slow roll
tonner *(v) (impers)*
to thunder
tonnerre *(m)*
thunder
top *(m)*
impulse, pip
top d'écho *(m)*
blip
topographie *(f)*
topography
topographique
topographical
torche électrique *(f)*
electric torch, flashlight
tornade *(f)*
tornado
torpille *(f)*

torpedo
torpille aérienne *(f)*
aerial torpedo
torpille lançable d'aéronef *(f)*
air launched torpedo
total
total
totalisateur *(m)*
totaliser
touche *(f)*
key
tour *(f)*
tower
tour *(m)*
turn, revolution
tour de contrôle *(f)*
control tower
tour de contrôle de l'aérodrome *(f)*
aerodrome control tower
tour de piste *(m)*
circuit
tourbillon *(m)*
vortex, eddy
tourbillon de poussière *(m)*
dust devil
tourbillon de vent *(m)*
whirlwind
tourelle *(f)*
turret
tournant
rotary, rotating
tourner *(v)*
to turn, to spin, to revolve, to veer (vent)
tourner (faire —) *(v)*
to rotate, to spin
tourner l'hélice à la main *(v)*
to swing the propeller
tours minute *(mpl)*
revolutions per minute, r.p.m.
tours moteur (augmenter les —) *(v)*
to rev up the engine
toxique
toxic
trace *(f)*
trace
tracé *(m)*
plot

tracé air *(m)*
air plot
tracer *(v)*
to plot
traction *(f)*
traction, thrust (hélice)
trafic *(m)*
traffic
trafic aérien *(m)*
air traffic
trafic en approche *(m)*
inbound traffic
trafic radio *(m)*
radio traffic
train *(m)*
undercarriage, gear
train avant *(m)*
nose wheel
train d'atterrissage *(m)*
undercarriage, landing gear
train d'atterrissage à roulette de queue
(m)
tailwheel undercarriage
train d'atterrissage tricycle *(m)*
tricycle undercarriage
train fixe *(m)*
fixed undercarriage
train principal *(m)*
main undercarriage-
train rentrant *(m)*
retractable undercarriage
train tricycle *(m)*
tricycle undercarriage
train verrouillé rentré *(m)*
undercarriage up and locked
train verrouillé sorti *(m)*
undercarriage down and locked
traîne *(f)*
area behind a cold front
traînée *(f)*
drag, trail
traînée d'aileron *(f)*
aileron drag
traînée d'équilibrage *(f)*
trim drag
traînée d'hélice *(f)*
propeller drag

traînée d'onde *(f)*
wave drag
traînée de captation *(f)*
momentum drag
traînée de compensation *(f)*
trim drag
traînée de compressibilité *(f)*
compressibility drag
traînée de condensation *(f)*
condensation trail, vapour trail
traînée de culot *(f)*
base drag
traînée de forme *(f)*
form drag
traînée de fumée *(f)*
smoke trail
traînée de profil *(f)*
profile drag
traînée dynamique *(f)*
momentum drag
traînée induite *(f)*
induced drag
traînée parasite *(f)*
parasite drag
traitement *(m)*
treatment, processing
traitement des données *(m)*
data processing
trajectoire *(f)*
trajectory, flightpath
trajectoire d'abordage *(f)*
collision course
trajectoire de décolllage *(f)*
take-off flightpath
trajectoire de descente *(f)*
glidepath, descent path
trajectoire de vol *(f)*
flightpath
transbordement aérien *(m)*
air ferrying
transducteur *(m)*
transducer
transfert *(m)*
transfer
transfert de carburant *(m)*
fuel transfer
transformateur *(m)*

transformer
transformateur redresseur *(m)*
transformer rectifier
transformation *(f)*
conversion
transistor *(m)*
transistor
transistorisé
transistorised
transition *(f)*
transition
transitoire
transitory
translation *(f)*
translation
translation (mouvement de —) *(m)*
sideways movement
translucide
translucent
transmetteur *(m)*
transmitter
transmettre *(v)*
to transmit
transmission *(f)*
transmission
transsonique
transonic
transpondeur *(m)*
transponder
transport *(m)*
transport
transport aérien *(m)*
air transport
transport aérien régional *(m)*
commuter air services, feederline services
transport public *(m)*
public transport
transport supersonique *(m)*
supersonic transport
transversal
transversal, athwartships
trappe d'évacuation *(f)*
escape hatch
**trappe d'obturation du logement du
train** *(f)*
undercarriage bay door
travail aérien *(m)*

aerial work
travaux *(mpl)*
works
travée *(f)*
rib
traversée *(f)*
crossing
traverser *(v)*
to cross
tremblement *(m)*
buffeting, vibration
trémie *(f)*
hopper
tremplin de ski *(m)*
ski jump
treuil (lancer au —) *(v)*
to launch by winching, to winch
treuil *(m)*
winch
treuillage *(m)*
winching
treuiller *(v)*
to winch
triangle *(m)*
triangle
triangle d'erreurs *(m)*
cocked hat
triangle des vitesses *(m)*
triangle of velocities
triangle vectoriel *(m)*
vector triangle
triangulation *(f)*
triangulation
tribord *(m)*
starboard
tridimensionnel
three dimensional
trim (hors —)
out of trim
trim *(m)*
trim
trim de Mach *(m)*
Mach trim
trim de profondeur *(m)*
elevator trim
tringlerie *(f)*
linkage

tripale *(f)*
three-bladed propeller
triphasé
three-phase
triplan *(m)*
triplane
trombe *(f)*
waterspout
trombe d'eau *(f)*
cloudburst, downpour
trompe *(f)*
venturi
tronçon *(m)*
leg (navigation)
trop-plein *(m)*
overflow
tropical
tropical
tropique *(m)*
tropic
tropique du Cancer *(m)*
tropic of Cancer
tropique du Capricorne *(m)*
tropic of Capricorn
tropopause *(f)*
tropopause
troposphère *(f)*
troposphere
trou *(m)*
hole, vent
trou d'air *(m)*
air pocket
trouée *(f)*
gap
trouée de sécurité *(f)*
clearway
trousse à pharmacie *(f)*
first aid kit
trousse de premier soins *(f)*
first aid kit
tube à flamme *(m)*
flame tube
tube à rayons cathodiques *(m)*
cathode ray tube
tube à vide *(m)*
vacuum tube
tube capillaire *(m)*

capillary tube
tube pitot *(m)*
pitot tube, pitot head
tube pitot à réchauffage *(m)*
heated pitot head
tubulaire
tubular
tubulure d'échappement *(f)*
exhaust manifold
turbine *(f)*
turbine
turbine (température d'entrée —) TET *(f)*
turbine inlet temperature
turbine à air dynamique *(f)*
ram air turbine RAT
turbine à gaz *(f)*
gas turbine
turbine libre *(f)*
free turbine
turbiniste *(m)*
turbine manufacturer
turbo-compresseur *(m)*
turbo compressor, turbo supercharger
turbofan *(m)*
turbofan
turbomoteur *(m)*
gas turbine engine, turboshaft (engine)
turbomoteur de démarrage *(m)*
turbostarter
turbopropulseur *(m)*
turboprop
turboréacteur *(m)*
turbojet engine
turboréacteur à double flux *(m)*
bypass engine
turboréacteur à soufflante *(m)*
fan engine
turboréacteur à ventilateur caréné *(m)*
ducted fan engine
turboréfrigérateur *(m)*
cold air unit
turbosoufflante *(f)*
turbofan
turbulence *(f)*
turbulence
turbulence à origine mécanique *(f)*
mechanical turbulence

turbulence de sillage *(f)*
  wake turbulence
turbulence en air clair *(f)*
  clear air turbulence
turbulence en air limpide *(f)*
  clear air turbulence
turbulence faible *(f)*
  light turbulence
turbulence forte *(f)*
  severe turbulence
turbulence moyenne *(f)*
  moderate turbulence
turbulence sévère *(f)*
  severe turbulence

tuyau de retour *(m)*
  return line
tuyauterie *(f)*
  tubing
tuyère *(f)*
  nozzle
tuyère d'échappement *(f)*
  jet pipe, exhaust pipe
tuyère orientable *(f)*
  swivel exhaust
type d'avion *(m)*
  type of aircraft
typhon *(m)*
  typhoon

U

ultra léger motorisé (avion —) ULM
(m)
  microlight aircraft
ultra-violet *(m)*
  ultra violet
unidirectionnel
  unidirectional
uniforme
  uniform
urgence *(f)*
  urgency, emergency
usage (hors d' —)
  out-of-use, unserviceable
usine *(f)*
  factory
usiner *(v)*
  to machine, to manufacture
usure *(f)*

  wear and tear
usure de pneu *(f)*
  tyre wear
usure normale *(f)*
  fair wear and tear
utile
  useful
utilisable
  useable, available
utilisateur *(m)*
  operator, user
utilisation *(f)*
  operation, use
utiliser *(v)*
  to use, to utilise
utilitaire
  utility

V

va-et-vient *(m)*
seesaw motion, up-and-down motion

vague *(f)*
wave, surge

vague de froid *(f)*
cold spell

valeur *(f)*
value

valeur de la pression barométrique *(f)*
pressure setting

validation *(f)*
validation

valider *(v)*
to validate

validité *(f)*
validity

valve *(f)*
valve

valve à flotteur *(f)*
float valve

valve à pointeau *(f)*
needle valve

valve anti-retour *(f)*
nonreturn valve

valve de séquence *(f)*
sequence valve

vanne *(f)*
valve

vanne de flux *(f)*
flux valve

vanne de prélèvement *(f)*
bleed valve

vanne de transfert *(f)*
transfer valve

vapeur *(f)*
vapour

vapeur d'eau *(f)*
water vapour

vapeurs d'essence *(fpl)*
petrol fumes

vaporisation *(f)*
vaporisation

vaporiser *(v)*
to vaporise

variable
variable

variation *(f)*
variation, fluctuation

varier *(v)*
to vary, to fluctuate

variomètre *(m)*
variometer, rate of climb and descent
indicator RCDI, vertical speed indicator
VSI

verrière coulissante *(f)*
sliding canopy

vecteur *(m)*
vector, carrier

végétation *(f)*
vegetation

véhicule aérien téléguidé *(m)*
remotely piloted vehicle RPV

véhicule de secours *(m)*
crash tender

veilleuse (mettre en —) *(v)*
to dim

veilleuse (mise en —) *(f)*
dimming

vélivole *(m/f)*
glider pilot

vent *(m)*
wind

vent (face au —)
into wind

vent (faire grand —) *(v)*
to blow hard, to blow a gale

vent (grand —) *(m)*
strong wind

vent (sous le —)
leeward

vent anabatique *(m)*
anabatic wind

vent arrière *(m)*
downwind, tailwind

vent au sol *(m)*
surface wind

vent bien dans l'axe *(m)*
wind down the runway

vent catabatique *(m)*
katabatic wind

vent de dos *(m)*
tailwind

vent de face *(m)*

headwind	vérin *(m)*
vent de travers *(m)*	jack, actuator
crosswind, sidewind	**vérin (mettre sur —)** *(v)*
vent debout *(m)*	to put on jacks
headwind, upwind	**vérin (mise sur —)** *(f)*
vent dominant *(m)*	jacking
prevailing wind	**vérin à vis** *(m)*
vent en altitude *(m)*	screw jack
upper wind	**vérin de contrôle** *(m)*
vent en surface *(m)*	control jack
surface wind	**vérin hydraulique** *(m)*
vent faible *(m)*	hydraulic jack
light wind	**verrière** *(f)*
vent fort *(m)*	canopy
strong wind, high wind	**verrouillage** *(m)*
vent géostrophique *(m)*	locking, locking mechanism
geostrophic wind	**verrouillage hydraulique** *(m)*
vent nul *(m)*	hydraulic lock
zero wind	**verrouillage train rentré/sorti** *(m)*
vent relatif *(m)*	undercarriage down/up lock
relative airflow	**verrouiller** *(v)*
vent soufflant en tempête *(m)*	to lock, to lock on
gale force wind	**vers**
vent thermique *(m)*	towards
thermal wind	**version** *(f)*
vent traversier *(m)*	version
crosswind	**vertical**
vent violent *(m)*	vertical
gale	**verticale (à la —)**
venter *(v) (impers)*	vertically, overhead
to be windy	**vertige** *(m)*
venteux	vertigo
windy	**vêtement de protection** *(m)*
ventilation *(f)*	exposure suit
ventilation	**vêtements de vol** *(mpl)*
ventral	flying clothing
ventral	**via**
venturi *(m)*	via, by way of
venturi	**vibration** *(f)*
verglas *(m)*	vibration
clear ice, glaze ice	**vibration moteur** *(f)*
vérification *(f)*	engine vibration
verification	**vibrer** *(v)*
vérification fonctionnelle *(f)*	to vibrate, to flutter
functional check	**vibreur de lancement** *(m)*
vérifier *(v)*	impulse starter
to verify, to check	**vidange** *(f)*

emptying
vidange de carburant *(f)*
defuelling
vidange en vol de carburant *(f)*
fuel jettisoning
vidanger *(v)*
to drain, to drain off, to defuel
vide (à —)
empty, off-loaded, with no load
vide *(m)*
vacuum
vider *(v)*
to empty
vigoureux
vigorous
vilebrequin *(m)*
crankshaft
ville *(f)*
town
virage *(m)*
turn
virage (mettre en —)*(v)*
to bank, to turn
virage (mise en —) *(f)*
banking, turning
virage (s'engager en —) *(v)*
to roll into a turn
virage (sortir de —)*(v)*
to roll out of a turn
virage (taux de —) *(m)*
rate of turn
virage (taux de — standard) *(m)*
standard rate of turn
virage (taux de — un) *(m)*
rate one turn
virage à droite *(m)*
right turn
virage à faible inclinaison *(m)*
turn at a low angle of bank
virage à forte inclinaison *(m)*
turn at high angle of bank
virage à gauche *(m)*
left turn
virage à grande inclinaison *(m)*
turn at a high angle of bank
virage à moyenne inclinaison *(m)*
turn at a medium angle of bank

virage à plat *(m)*
flat turn
virage avec roulis *(m)*
rolling pull-out/pull-up
virage conventionnel *(m)*
procedure turn, standard turn
virage de procédure *(m)*
procedure turn
virage en montée *(m)*
climbing turn
virage en palier *(m)*
level turn
virage engagé *(m)*
spiral dive
virage régulier *(m)*
steady turn
virage serré *(m)*
steep turn, tight turn
virage stabilisé *(m)*
steady turn
virage sur le dos *(m)*
outside turn
virole *(f)*
ferrule
vis *(f)*
screw
viscosité *(f)*
viscosity
viseur *(m)*
sight, gunsight
viseur de bombardement *(m)*
bombsight
viseur de casque *(m)*
helmet sight
viseur tête-haute *(m)*
helmet mounted sight
visibilité *(f)*
visibility
visibilité en vol *(f)*
in-flight visibility
visibilité limitée *(f)*
poor visibility, bad visibility
visibilité mauvaise *(f)*
bad visibility
visibilité oblique *(f)*
slant visibility, oblique visibility
visible

visible
visible dans tous les azimuts
visible all round (feu)
visière *(f)*
visor
vision *(f)*
vision
vision nocturne *(f)*
night vision
visionique *(f)*
computer generated pictorial display
visite *(f)*
inspection
visite (grande —)*(f)*
major inspection
visite avant/après vol *(f)*
pre/post flight inspection
visite extérieure *(f)*
external check
visite journalière *(f)*
daily inspection DI
visite périodique *(f)*
routine inspection
visite pré-vol *(f)*
preflight check
visqueux
viscous
visser à/sur *(v)*
to screw to/on
visualisation *(f)*
display
visualisation cartographique *(f)*
moving map display
visualiser *(v)*
to make visible, to display
visuel
visual
vitesse *(f)*
speed, velocity
vitesse (faible —)*(f)*
low speed
vitesse (prendre de la —) *(v)*
to build up speed
vitesse à ne jamais dépasser *(f)*
never exceed speed VNE
vitesse acquise *(f)*
momentum

vitesse air *(f)*
airspeed
vitesse angulaire *(f)*
angular velocity
vitesse angulaire de roulis *(f)*
rate of roll
vitesse ascensionnelle *(f)*
rate of climb
vitesse au ralenti *(f)*
idling speed
vitesse au seuil *(f)*
threshold speed
vitesse badin *(f)*
indicated airspeed IAS
vitesse compensée *(f)*
trimmed speed
vitesse constante *(f)*
constant speed
vitesse conventionnelle *(f)*
calibrated airspeed
vitesse corrigée *(f)*
calibrated airspeed CAS, rectified
airspeed RAS
vitesse critique *(f)*
critical speed, take-off decision speed V_1
vitesse d'approche *(f)*
approach speed
vitesse d'arrêt de décollage *(f)*
take-off decision speed V_1
vitesse d'impact *(f)*
touchown speed
vitesse de calcul de croisière *(f)*
design cruising speed V_C
vitesse de calcul de manœuvre *(f)*
design manoeuvring speed V_A
vitesse de calcul en piqué *(f)*
design diving speed V_D
vitesse de croisière *(f)*
cruising speed
vitesse de décollage *(f)*
take-off speed, lift-off speed
vitesse de décrochage *(f)*
stalling speed
vitesse de descente *(f)*
descent speed, sink rate
vitesse de manœuvre train *(f)*
undercarriage lowering speed

vitesse de montée *(f)*
climbing speed
vitesse de montée verticale *(f)*
vertical climbing speed
vitesse de plané *(f)*
gliding speed
vitesse de pointe *(f)*
top speed
vitesse de rotation *(f)*
rotation speed V_R
vitesse de sécurité *(f)*
safety speed
vitesse de sécurité au décollage *(f)*
take-off safety speed V_2
vitesse de sustentation *(f)*
flying speed
vitesse descensionnelle *(f)*
rate of descent
vitesse du son *(f)*
speed of sound
vitesse du vent *(f)*
wind speed, wind velocity
vitesse en bout de pale *(f)*
blade tip speed
vitesse équivalente *(f)*
equivalent airspeed
vitesse indiquée *(f)*
indicated airspeed IAS
vitesse Mach maximale d'utilisation *(f)*
maximum operating Mach number M_{MO}
vitesse maximale d'utilisation normale
VNO*(f)*
normal operating speed
vitesse maximale en palier *(f)*
maximum speed in level flight
vitesse maximale volets sortis *(f)*
maximum speed with flaps extended VFE
vitesse maximum en atmosphère
turbulente *(f)*
rough air speed V_{RA}
vitesse minimale de contrôle *(f)*
minimum control speed
vitesse minimale de vol *(f)*
minimum flying speed
vitesse moyenne *(f)*
average speed
vitesse propre *(f)*

true airspeed TAS
vitesse recommandée *(f)*
recommended speed
vitesse relative *(f)*
relative velocity
vitesse sol *(f)*
ground speed
vitesse train d'atterrissage en
manœuvre *(f)*
undercarriage operating speed
vitesse train d'atterrissage sorti *(f)*
undercarriage extended operating speed
vitesse variable/fréquence constante *(f)*
variable speed constant frequency
vitesse verticale *(f)*
vertical speed
vitesse vraie *(f)*
true airspeed TAS
voie *(f)*
route, track
voie aérienne *(f)*
airway
voie de circulation *(f)*
taxiway
voilure *(f)*
wing
voilure (sous —)
underwing
voilure tournante *(f)*
rotary wing
voisinage *(m)*
vicinity
voiture de piste *(f)*
runway control vehicle, 'follow me'
vehicle
voix *(f)*
voice
vol (en —)
in-flight
vol *(m)*
flight
vol à basse altitude *(m)*
low flying
vol à grande vitesse *(m)*
high speed flight
vol à la demande *(m)*
charter flight

vol à moteur *(m)*
powered flight

vol à voile *(m)*
gliding

vol à vue *(m)*
visual flight

vol au point fixe *(m)*
hovering

vol aux instruments *(m)*
instrument flying, flight on instruments

vol chahuté *(m)*
bumpy flight

vol d'affrètement *(m)*
charter flight

vol d'entraînement *(m)*
training flight

vol d'essai *(m)*
test flight

vol d'onde *(m)*
wave flying

vol dans espace *(m)*
space flight

vol de contrôle *(m)*
air test, check flight

vol de convoyage *(m)*
ferry flight

vol de démonstration *(m)*
demonstration flight

vol de nuit *(m)*
night flight, night flying

vol de pente *(m)*
slope flying

vol de plaisance *(m)*
pleasure flight

vol de présentation *(m)*
demonstration flight

vol dissymétrique *(m)*
asymmetric flight

vol domestique *(m)*
domestic flight

vol en charter *(m)*
charter flight

vol en double commande *(m)*
dual instruction, dual flying

vol en montagne *(m)*
mountain flying

vol en palier *(m)*

level flight

vol en rase-mottes *(m)*
very low flying, hedgehopping

vol habité dans espace *(m)*
manned space flight

vol horizontal *(m)*
level flight, horizontal flight

vol IFR *(m)*
IFR flight

vol inversé *(m)*
inverted flight

vol libre *(m)*
hang gliding

vol local *(m)*
local flight

vol nocturne *(m)*
night flight

vol normal *(m)*
normal flight

vol normal horizontal *(m)*
straight and level flight

vol plané *(m)*
gliding

vol rasant *(m)*
very low flying, low pass

vol rectiligne *(m)*
straight and level flight

vol sans visibilité VSV *(m)*
instrument flight

vol secoué *(m)*
bumpy flight

vol stationnaire *(m)*
hovering

vol statique *(m)*
hovering

vol sur campagne *(m)*
cross-country flight

vol sur le dos *(m)*
inverted flight

vol thermique *(m)*
flight in thermals

vol VFR *(m)*
VFR flight

vol VFR spécial *(m)*
special VFR flight

volant *(adj.)*
flying

volant *(m)*
steering wheel, flywheel, handwheel
volant de compensateur *(m)*
trim wheel
volant de trim *(m)*
trim wheel
volatil
volatile
volatilité *(f)*
volatility
voler *(v)*
to fly
voler à un cap *(v)*
to steer a heading
voler en rase-mottes *(v)*
to fly very low
voler sur *(v)*
to fly in
volet *(m)*
flap, tab, shutter
volet à fente *(m)*
slotted flap
volet compensateur *(m)*
trim tab
volet d'intrados *(m)*
split flap
volet de bord d'attaque *(m)*
trailing edge flap
volet de capot *(m)*
cooling gill
volet de courbure *(m)*
flap, wing flap
volet de courbure à fentes *(m)*
wing slotted flap
volet de radiateur *(m)*
radiator shutter
volet Fowler *(m)*
Fowler flap
volets atterrissage *(mpl)*
landing flap(s)
volets rentrés *(mpl)*
flaps up
volets sortis à fond *(mpl)*
full flap
volets soufflés *(mpl)*
blown flaps
volt *(m)*

volt
voltage *(m)*
voltage
voltige *(f)*
aerobatics
voltmètre *(m)*
voltmeter
volume *(m)*
volume
volumétrique
volumetric
voulu
required
vous (à —)
over (radio)
voûte céleste *(f)*
celestial dome
voyage à forfait *(m)*
inclusive tour
voyage à prix forfaitaire *(m)*
package tour
voyant *(m)*
warning light
voyant indicateur d'incendie *(m)*
fire warning light
voyant 'off' *(m)*
'off' flag
vrillage *(m)*
twisting
vrille *(f)*
spin
vrille (se mettre en —) *(v)*
to enter a spin, to spin
vrille (sortie de —) *(f)*
spin recovery
vrille (sortir d'une —) *(v)*
to recover from a spin
vrille à plat *(f)*
flat spin
vrille involontaire *(f)*
inadvertent spin
vrille non intentionnelle *(f)*
unintentional spin
vrille prolongée *(f)*
prolonged spin
vrille serrée *(f)*
steep spin

vrille sur le dos *(f)*
  inverted spin
vrille ventre (f)
  normal spin, upright spin
vue (à —)
  visual

vue (en —)
  in sight
vue en coupe *(f)*
  cross-section
vue latérale *(f)*
  sideview

W—Z

watt *(m)*
watt

zéro absolu *(m)*
absolute zero
zigzag *(m)*
zigzag
zigzags (faire des —) *(v)*
to zigzag
zone *(f)*
zone, area
zone à pénétration réglementée *(f)*
restricted area
zone à pénétration interdite *(f)*
prohibited area
zone à statut particulier *(f)*
special rules zone
zone dangereuse *(f)*
danger area

zone de circulation aérienne *(f)*
air traffic zone
zone de circulation d'aérodrome *(f)*
aerodrome traffic zone
zone de contrôle *(f)*
control zone
zone de défense aérienne *(f)*
air defence zone
zone de dégagement *(f)*
undershoot area
zone de largage *(f)*
dropping zone
zone de parachutage *(f)*
parachute dropping area
zone de silence *(f)*
skip distance
zone interdite *(f)*
prohibited area
zone réglementée *(f)*
restricted area